人とペットの心理学

コンパニオンアニマルとの出会いから別れ

Sayoko Hamano
濱野佐代子 編著

北大路書房

序　文

1. はじめに

日本において，現在，多くの人がペット（コンパニオンアニマル）と暮らしています。また，マスコミでもペットを取り上げることが頻繁にみられるように，ますますペットに対する関心が高まってきているのがわかります。動物医療の高度化やペットフードの充実はもちろん，ペットブームは円熟期を迎え，ペット保険やペット信託，ペットのセレモニー，ペットと暮らせる住宅，ペットの問題行動治療，ペットの幼稚園，老ペットホーム，IT を駆使したペットの見守りなど，ペット関連産業も内容に富んできています。このような背景を踏まえ，本書では，人とペットの関係，さらには社会におけるペットについて，心理学の観点から紐解いていきます。

2. 内　容

筆者は，大学で獣医学，大学院で発達心理学を学びました。また，臨床心理士，公認心理師として心理臨床にも携わってきました。そして，これまで人とペットの関係やペットへの愛着，ペットロス，ペット飼育が人に与える影響の研究を行なってきました。大学の授業では，ペット飼育の心理学や人間動物関係学，心理学を担当しています。そのような経歴から，これまでの知見を統合して，生涯発達心理学的な視点から人とペットの心理学について解説しています。

また，ペットは単なる動物としてではなく，子どものような存在，家族の一員として一緒に暮らしています。愛情を注いでいるペットを亡くしたときには，深い悲しみに陥ります。そのメカニズムや関連要因，ペットロスへの対応や，グリーフケアについて説明しています。一方で，ペットの力を活かして，人の心理・身体・社会的効果をもたらす動物介在介入（いわゆるアニマルセラピー）や，人の暮らしをサポートする補助犬についても概説しています。ペットとの出会いから別れ，ペットと暮らす効果まで幅広く人とペットの関係を網羅した内容となっています。

本書にはペットとの共生の観点を含め，獣医師や動物看護師，トリマー，ブリーダー，動物保護団体やペット関連企業に従事している方々，さらには，保育士や教育者，心理臨床家，ペット関連分野を学ぶ大学生や専門学校生，飼い主の皆様に役立つように，心理学や獣医学の知識や知見をもとに執筆していますので，ペットとの暮らしやペットロスの支援，学習に有効に活用していただければと願っております。

3. コラム

各分野をリードしてこられ，ご活躍されている先生方に執筆していただきました。

▸ 柴内裕子先生（コラム①）

日本の女性獣医師の先駆けであり，長年，獣医臨床に携わられ，日本動物病院協会の人と動物とのふれあい活動（CAPP）にご尽力されています。CAPP活動における先生のまなざしは，ペット，そこに存在する闘病している方や家族と離れて暮らしている方への愛にあふれ，その姿勢は，ペットを通して平和を考えるという崇高な目標を示してくださっています。

▸ 吉川明先生（コラム②）

日本盲導犬協会にて，理事として，盲導犬育成，島根あさひ盲導犬パピープロジェクトにご尽力されています。吉川先生と角田祐子氏（同協会）と一緒にパピーウォーカーの共同研究の途上で語り合った貴重な時間は研究に重要な示唆を与えてくださいました。長年，盲導犬育成を牽引され，視覚障害の方に寄り添われてきたご経験から，盲導犬と暮らすことの意義についてご執筆いただきます。

▸ 木下美也子先生（コラム③）

動物介在教育の理想的なモデルのひとつであるグリーンチムニーズで，教育者として子どもたちと真摯に対峙されています。動物介在教育を学ぶ人はグリーンチムニーズを知りたいという道を辿ることが多く，筆者を含めそのような人々に対して，日本における講演や日本からやってきたボランティアをサポートするなど，懸け橋となってくださっています。

▸ レベッカ・ジョンソン先生（コラム④）

アメリカのミズーリ大学の名誉教授で，IAHAIO の元会長です。筆者は在外研究員として所属した際に，レベッカ先生との共同研究や，先生が考案されたユニークな，人と動物の双方に効果のある動物介在介入のプロジェクトに参加させていただきました。日本でも再現できるようにと，各プログラムの詳細を見せていただき貴重な経験をさせていただきました。筆者の教育研究人生に大きな示唆を与えてくださっています。その中のタイガープレイスについてご紹介いただきます。

▸ 尾形庭子先生（コラム⑤）

筆者の大学の先輩であり，日本でペットの問題行動治療があまり認知されていなかった時代，パイオニアとして日本中の悩める飼い主さんのために奔走されていた姿に筆者は感銘を受けました。現在はアメリカのパデュー大学でペットの問題行動治療と研究教育に携わられてグローバルにご活躍されています。本コラムでは，ペットの問題行動治療の事例についてご紹介いただきます。

▸ 越村義雄先生（コラム⑥）

ペット関連産業の第一人者で，人とペットの幸せ創造協会会長，本書内にも多数引用させていただいたペットフード協会の名誉会長でもあられます。ペットと暮らすことで人は幸せになるという理念のもと，ペット産業業界を牽引されています。社会の問題（少子高齢化など）についても，ペットを鍵として解決に導こうとする社会貢献の視点の大切さを示されています。

刊行に際して，原稿を丁寧にチェックしてくださりご尽力いただいた北大路書房編集部の薄木敏之氏，サポートしてくれる家族や大切な方々，研究に様々な示唆を与えてくれる同窓の友人，同僚の皆様や学生さん，そして，研究にご協力いただいた皆様とペットに心より感謝申し上げます。

編著者　濱野佐代子

目次

第１章

ペットとの関係

１節　家庭動物はコンパニオンアニマルへ（ペットは家族の一員）

1. コンパニオンアニマルとは

人は太古から動物とともに暮らしてきました。世界中の様々な遺跡から，動物のいきいきとした姿が描かれている壁画や，動物をモチーフとした日用品や宗教的儀式の品物が発掘されていることからもわかります。人と動物との関わりは，食料として，または衣料や実用品，装飾品の材料として活用してきた時代を経て，犬は狩のパートナーや番犬，猫はネズミ捕りなどの使役動物として生活に役立ってきました。そして，「ペット（愛玩動物）」として家庭で暮らすようになりました。さらに，欧米を中心に，「コンパニオンアニマル（伴侶動物）」と呼ばれるようになりました。これらの変遷からわかるように，動物から得られる恩恵は，実質的なものから，関係性から得られるものに変化してきました。

もともとペットには，人が一方的にかわいがる所有物というイメージがありました。しかし，多くの飼い主が家族の一員として一緒に暮らすようになってきた背景があり，ペットという呼び方が適当ではなくなってきました。コンパニオンアニマルは，これまで厳密な定義はされていませんが，人生をともに生きるパートナー，仲間，友という意味と考えられます。したがって，家庭動物だけではなく，学校飼育動物（幼稚園，保育所，認定こども園，小学校，中学校）や，人の暮らしをサポートする補助犬（盲導犬，聴導犬，介助犬）も含むと考えられます。また本書での呼び方ですが，日本ではコンパニオンアニマルよりもペットの方が認知されているため，主にペットと呼びますが，コンパニオンアニマルの意味を含んでいます。

人とペットの関係について考える際に，次に紹介する組織を知っておくとよいでしょう。

【ヒューマン・アニマル・ボンドに関する組織】

様々な分野で動物が人の心身の健康に良い影響を与えることが明らかにされることで，人と動物の関係が重要視され，人と動物のきずな（ヒューマン・アニマル・ボンド；Human-Animal Bond: HAB）として注目が集まるようになってきました。そして，人と動物の相互作用（Human Animal Interaction: HAI）について，獣医学，医学，心理学，動物行動学，人類学，社会学など様々な分野で研究が積み重ねられてきました。

1990 年に「人と動物の関係に関する国際組織（International Association of Human-Animal Interaction Organizations: IAHAIO）」が創設されました。この組織の理念は，人と動物の相互作用のネットワーク，利益と最良の実践を促進するために，研究者と実践者に国際的なプラットホームを提供することです。世界中で，90 以上の組織が加盟しています。日本におけるナショナルメンバーは，公益社団法人日本動物病院協会（JAHA），ヒトと動物の関係学会（HARs）です。3 年に 1 回，国際会議を開催して，毎回テーマが設けられ討議され，宣言も出されています。例えば，プラハ宣言（1998 年）では動物介在活動・動物介在療法に関するガイドライン，リオ宣言（2001 年）では動物介在教育に関するガイドラインが提示されました。もちろん会議では，研究者や実践者のシンポジウムや発表も行われています。2007 年には，東京で開催されました。

さらに，1991 年に「国際人と動物の関係学会（International Society for Anthrozoology: ISAZ）」が設立されました。この組織の理念は，研究の奨励や学術雑誌の刊行，学術大会の開催，普及啓発，情報交換により，人と動物の相互作用と関係の研究を促進することです。

日本における人とペットとの関係についての研究や実践の情報を得たい場合は，「ヒトと動物の関係学会（HARs）」がよいでしょう。この学会の方向性としては，「動物と人の間の現実的課題をいかに解釈しその対策を講じるかという目的指向的な方向と，動物そのものの特性や人間自身を知り，私たちの知識を豊かにしたいという知的指向的な方向……」としており，さらに「人と動物の新しい文化を創造することも目的としている」（HARs）ので，専門的な研究のみならず様々な分野の実践者が参加している学際的な学会です。

また，特に心理学に視点を置いた「ヒューマン・アニマル・ボンド心理学研究会（HAB心研）」もあります。さらに，動物介在教育・療法に視点を置いた学会が「動物介在教育・療法学会（Asian Society for Animal-assisted Education and Therapy: ASAET）」です。

2. 人とペットの歴史

人の社会に入ってきた動物には，本来の種とは形態，行動も異なった特性を持つように改良され家畜化した動物と，繁殖には意図的な介入をせずに飼い慣らした動物がいるといわれています。家畜化とは，人が生殖をコントロールして，生活に合うように，利用価値を高めるために，その容姿や大きさ，能力，行動特性，性格を改良していくことをいいます。家畜化された主な動物には，犬，羊，ヤギ，牛，豚，鶏，猫，馬などがいます。

ペットの代表格は犬や猫ですが，それ以外の家庭のペットはエキゾチックアニマルと呼ばれます。エキゾチックアニマルには明確な定義はありませんが，「一般開業動物病院に来院する可能性のある，犬猫以外の家庭飼育動物すべてを指している。すなわちウサギやフェレット，ハムスターなどの哺乳類から，さまざまな種の飼育鳥類，爬虫類，両生類や魚類，節足動物までを含んでいる」（田中，2009）といわれています。

まずは，人と犬の関係の歴史をみてみましょう。狩猟をしたり食べ物を採取したりして暮らす狩猟・採取型の社会では，犬は狩猟のパートナーや危険から身を守ってもらう番犬としての役割がありました。農業や畜産を行い定住して暮らす定住型社会になると，収穫した作物を野生動物から守り，飼育している家畜を集めたり一か所にとどめたりして活躍していました。また，犬の忠実な性質や多産安産の特徴，人を守護するイメージから，宗教や文化活動や作品のモチーフとしても多く登場します。

犬は最も古い家畜であるといわれており，諸説ありますが，約1万2000～1万5000年前に家畜化されたと考えられています。これらの説を，世界中の遺跡からの骨の発掘や，遺伝子解析によるオオカミとの判別結果が支持しているため，家畜化の時期と考えられる年代に幅があるのです。犬の祖先はオオカミと考えられ，オオカミの子を飼い慣らして家畜化していったという説が有力です。また，人と犬が一緒に暮らし，親密な関係を築いていたことがわかる証拠として重要視されている遺跡があります。イスラエルのHayonim terrace遺跡（Ein Mallaha）（約1万2000年前）から，女性とイヌ科の仔犬が一緒に埋葬された骨が発掘されたのです。その女性の片手は，仔犬の身体に添えられていました（Davis & Valla, 1978）。もしこの仔犬が食料として飼われていたものであったとすれば，おそらく別の場所に埋められていたことでしょう。ですが，このように人と同じ場所に埋められ，しかも仔犬の遺骨に手を添えるようにして埋葬されていたことから，この仔犬は食料として食べられ，骨を棄てられたのではなく，人と親密な関係にあった，と推測されています。多くの研究者は，この発見を人と犬の親密な関係の起源の証拠としてあげています。「イヌ属の社会を比較してみると程度の差こそあれペアかそれ以上の集団で生活するという社会構造が存在している」（猪熊，2001）との指摘のように，犬は仲間と暮らす動物であるため，人との生活になじみやすいのでしょう。また，野澤・西田（1981）は，「イヌの家畜化の特性を心理的家畜化と呼び，『イヌ』と『ヒト』を結びつけているものは，互いの信頼感であろう」と指摘しています。したがって，人と犬とは互いに信頼関係を築きながら家庭という群れの中で社会生活を営んできたといえるでしょう。その後，狩猟犬，牧羊犬，軍用犬など，犬の能力を用途によって最大限に活用するために，選択的な交配によって様々な犬種が作られてきました。さらには，人の好みに応じて，容貌や大きさ，性格も変化させていきました。これらの経緯を経て，使役動物から，ペットへと関係が変化してきました。ヨーロッパでは，19世紀に現在のようなペット飼育のあり方ができあがったといわれています。

一方，「日本に犬がいた最も古い証拠は，神奈川県の横須賀にある夏島遺跡（9400～9500年前：杉原・芹沢，1957）である」（猪熊，2001）とされています。この縄文時代の人間社会における犬の役割は，主に，狩猟のパートナーとして役立ち，外敵から人の身を守ることであったと考えられます。犬にとっては人と生活することによって，人の食べ物の残りをもらうことができ，住処（すみか）を確保できるメリットがありました。このように両者の利益が一致して，共同生活が始まっていったと考えられています。

そして，675年に天武天皇が「牛・馬・犬・猿・鶏の肉を食べてはならぬ」という食肉禁止令を発令しました。このことから，それ以前までは犬の肉も食べられていたことが推測できます。また1685年には江戸時代，五代将軍徳川綱吉が「生類憐れみの令」を発令し，動物，特に犬は幕府の庇護を受けることとなりました。犬を虐待した者には重罪が課せられ，人に不利益があるほど行き過ぎた動物保護から悪法といわれていたのですが，最近では，動物愛護に関する法律の先駆けとして再評価されてきている部分もあります。

一方で，江戸時代中期から後期は，動物画の黄金期と呼ばれ，円山応挙や伊藤若冲などによって，いきいきとした動物の姿が好まれて描かれています。なかでも応挙の犬の絵は，ころころモフモフした仔犬の戯れる姿がとてもかわいらしく作者の愛情が伝わってきます。犬が愛玩用に飼われるのは，江戸時代後期からである（宇都宮，1998）といわれるように，平穏な時代を迎えたことが，犬をペットとして飼育する礎になったと考えられます。さらに，犬がペットとして一般的になってきたのは明治時代以降であるといわれています。

次に人と猫の関係の歴史をみてみましょう。猫の祖先はリビアヤマネコと考えられています。猫の家畜化は，諸説ありますが，約5000年前の古代エジプトといわれています。

そして，紀元前約2～3000年に人間の社会に入ってきたといわれています。飼い慣らされ，人の手によって繁殖されるようになっても，猫の容姿や大きさ，性格や行動・特徴はあまり変わってきていません。犬にはセントバーナードのような大型犬からチワワのような小型犬まで大きさに幅がありますが，性格は犬種によってある程度似通っています。それと比較すると，猫は野生の特徴が色濃く残っており，原始の種とあまり差がみられません。古代エジプトの遺跡からは高価な棺に入れられた猫のミイラが発見されています。また，猫を神格化した神様も存在します。このことから当時，猫は非常に大切にされていたことがわかります。一方で中世ヨーロッパでは，悪魔や魔女の使いとして迫害された歴史もあります。おそらく，足音を立てずに忍び寄り，瞳孔の大きさの変化が顕著で，夜には目が光り，高所に飛び乗ったり飛び降りたりする，その神秘的な雰囲気から魔女とイメージが結びつけられたのかもしれません。

日本に猫が持ち込まれたのは奈良時代以降と考えられ，「唐猫（からねこ）」と呼ばれていました（野沢・西田，1981）。猫がペットとして一般的になってきたのは平安時代からであると考えられます。平安時代の絵巻物には，猫をじゃらしている平安美人の絵が散見されます。江戸時代には，著名な浮世絵師である歌川国芳，広重などによって，日常の猫の姿が，いきいきと描かれました。また，猫は感染症を広げ穀物被害を及ぼすネズミの駆除の目的でも珍重されていました。そして現在では，犬と同様にコンパニオンアニマルとして家庭で暮らしているのです。

ノーベル生理学・医学賞を受賞した動物行動学者コンラート・ローレンツ（Lorenz, 1954）は，他の家畜とは違って，犬と猫だけが，強いられて使役される身分とは別の身分で家畜となったと述べています。このことからもわかるように，人と犬・猫は，お互いに魅かれ合い，それぞれの能力から生み出すことのできる利益を与え合い，信頼や愛情を基盤として関係を築いてきました。犬は社会性があり群れを作る動物なので，人を群れの一員もしくはリーダーとみなすことで人との暮らしに抵抗なく入ってきたのでしょう。さらに犬の忠実な気質が，生活をともにするうえで信頼関係を結ぶことに寄与すると考えられます。また，人と犬または猫のコミュニケーションの手段が双方に理解しやすいことも，その一要因と考えられています。相手の意図や感情を推測し理解できるかどうかは，一緒に暮らす仲間としてはとても重要な要素となってくるのです。

では，エキゾチックアニマルとの関係はどうでしょうか。その中でもウサギは，コンパニオンアニマルとして人気があり，家庭や小学校で好まれて飼育されています。家畜化の歴史は犬や猫と比べて浅く，コンパニオンアニマルのウサギはヨーロッパアナウサギを家畜化したものです。繁殖力が強く毛並みの手触りのよさから，食用や衣料の材料として品種改良された歴史もあります。様々な品種がうみだされ，約10kgにも成長する大きなフレミッシュジャイアントから，2kgにも満たない小さなネザーランドドワーフまで様々な大きさのウサギがいます。

最近では，そのかわいらしさからペットとして人気があります。中でも，ネザーランドドワーフやホーランドロップなどの小型のウサギが好まれる傾向があります。また，犬のように鳴き声が気にならず，ほとんど散歩の必要もないため，都会の住宅事情やライフスタイルに合致するのでしょう。

その他にはハムスターやモルモット，フェレット，ハリネズミ，チンチラ，デグーなど，あるいはインコやオウムなどの飼育鳥類なども人気があります。これらのエキゾチックアニマルを家庭で飼育する場合は，特殊な飼育方法が必要な場合もあるので，習性や特徴，飼育の仕方をよく理解して終生飼養する必要があります。

3. 近年のペット飼育

続いて，近年の人と犬や猫との関係をみてみましょう。戦前まで，家庭で飼っている犬は農作物を荒らす小動物を追い払い，不審者から家族を守る番犬であり，猫はねずみを捕る役割を担っていました。ほとんどの人は，このような犬や猫の能力を活かした役割を期待して飼育していました。しかし一方で，犬を飼育することに関する危機が訪れます。明治から昭和にかけて，狂犬病の流行や戦争のために，殺処分される犬が続出したのです（宇都宮，1998）。狂犬病とはウイルス性の感染症のことです。

狂犬病予防法が制定される1950年以前，日本国内では多くの犬が狂犬病と診断され，人も狂犬病に感染し死亡していた時代がありました。狂犬病は罹患し発症すれば，致死率はほぼ100％です。しかし，狂犬病予防法制定以後7年で日本から狂犬病が撲滅されました（厚生労働省，2012）。現在，犬は登録と狂犬病ワクチンの接種が義務づけられています。これにより，家庭で安心して犬と暮らせる基盤が整ったといえます。また，戦後になって，愛玩動物として飼育する様式が欧米から入ってきたといわれています。犬から得られる主な恩恵が，実用的な利益から，関係性そのものに変化してきたのです。

1950年代からの高度経済成長期を経て豊かになった日本で，経済的基盤を得て，ペット飼育としての様式が一般的になってきました。その後，第二次ベビーブームが終了し少子化が進み，医療技術の進歩で現在の超高齢化社会が訪れました。このような社会変化は，ますますペットに伴侶や仲間としての役割を与えることにつながりました。少子化は家庭内の経済力の余裕をもたらし，高齢化は子どもが巣立った後も，約30年続く人生を与えたのです。これらの背景から，精神的よりどころとして，「子どものような存在」として家族の一員の役割を担うようになり，さらには，「生きがい」と捉えられるようにさえなってきました。そして，ますます人とペットとの関係から得られる恩恵に重点を置いた飼育形態が一般的になってきました。

現在，どのような種類の動物がペットとして家庭で一緒に暮らしているのでしょうか。内閣府（2010）が，全国の 20 歳以上の人を対象に，動物愛護に関する世論調査を行ったところ，ペットを飼っていると答えた人の割合が34.3%，飼っていないと答えた人の割合が 65.7%となっていました。このデータからわかるように，おおよそ３人に１人がなんらかのペットを飼っていることになります。また，同調査で，ペットの種類を複数回答で尋ねたところ，「犬（58.6%）」が最も高く，以下，「猫（30.9%）」「魚類（19.4%）」「鳥類（5.7%）」「昆虫類（3.6%）」「うさぎ（3.3%）」「ねずみ類（ハムスターなど）（2.7%）」「は虫類（2.6%）」の順となっていました（内閣府，2010）。世論調査は，日本の世帯全体に対する調査であるため，日本におけるペット飼育の現状を表す数値として信頼性があります。また，一般社団法人ペットフード協会は，2004 年から大規模な全国犬猫飼育実態調査を行っており，主に犬と猫の飼育に関する統計データを公開しています。それによると，2018 年 10 月時点で，「20 ～ 70 代の人の犬の飼育頭数は約 890 万３千頭，猫の飼育頭数は約 964 万９千頭と推計される。犬の飼育頭数は経年で減少傾向にあり，猫は横ばい，前年に続き 2018 年も猫の飼育頭数が犬の飼育数を上回った」と報告されています（ペットフード協会，2018a）。このデータから読み解くと，犬の飼育頭数は減少傾向にあり，猫の飼育頭数が横ばい傾向のため，結果として猫の飼育頭数が犬の飼育頭数に匹敵してきたことが，現在日本において空前の猫ブームといわれる一因であると考えられます。おそらく猫の方が犬よりも比較的世話の手間がかからないことが，忙しい現代人の生活スタイルにマッチしているのでしょう。その他，犬の飼育頭数を知るデータとしては，厚生労働省の畜犬登録数の調査があります。2016 年度では，645 万 2,279 頭の犬が登録されており，2011 年より減少傾向にあります。都道府県別にみれば，51 万 9,417 頭の東京都が一番多く登録されています。また，2018 年に東京都の生活文化局が行った「東京におけるペットの飼育」調査では，この 10 年間のペット飼育について聞いたところ，

「飼ったことがある」(34.3%)（「現在飼っている」(16.4%),「現在飼っていないが，過去に飼ったことがある」(17.9%)）であり，飼っている（飼っていた）ペットの種類は，「犬」(52.2%）が約5割で最も高く，「魚類」(26.8%),「猫」(25.5%),「犬・猫以外の哺乳類（ウサギ・ハムスターなど)」(18.5%),「鳥類」(17.2%）の結果となっています。

日本における少子高齢化社会や経済力は，ペットに対する十分なケアを可能にする基盤となっています。それらは，獣医療の進歩と予防医療の充実，フードの高品質化を促進しました。そのため特に犬や猫の寿命が，ここ最近急速に延びてきました。ペットフード協会（2018a）の調査によれば，犬の平均寿命は14.29歳，猫の平均寿命は15.32歳でした。ペットの長寿命化は，飼い主とペットがより長く人生をともにし，より深い関係を築く基盤になっていると考えられます。

4. ペットとの出会い

ペットとの出会いはどこから始まるのでしょうか。約30年前は，「偶然，近所で生まれた犬や猫をもらう」という入手方法が主でした。その後，「飼育を計画して自分が選択した品種を購入する」という入手方法が主流となってきました。現在は，自分の好みの種類の犬や猫のブリーダーを探す人もいれば，ペットショップやインターネットで出会う人もいます。また，家で生まれた，拾った，知人からもらった等もあります。最近では，動物愛護の意識が高まったこともあり，飼い主のいない犬や猫を保護している地方自治体の動物愛護管理(相談）センター（以下，動物愛護センター）や民間の動物保護（愛護）団体，アニマルシェルターから譲渡してもらうという方法を選択する人も増えてきました。動物保護団体やアニマルシェルターとは，飼い主が捨てたり手放したりしたペットや飼い主のいない動物を保護する動物保護団体施設のことです。日本では大部分が地方自治体の動物愛護センターがその役割を担い，その他民間の動物保護活動を行う動物保護団体やアニマルシェルターが存在します。

ペットフード協会（2016）の調査では，犬の入手先としては，「ペットショップで購入（47.2%)」「友人／知人からもらった（17.0%)」「業者のブリーダーから直接購入（16.7%)」「友人／知人のブリーダーから直接購入（9.0%)」「里親探しのマッチングサイトからの譲渡（4.6%)」「愛護団体からの譲渡（3.7%)」

の順となっており，猫は，「野良猫を拾った（40.7％）」「友人／知人からもらった（25.4％）」「ペットショップで購入（13.9％）」「里親探しのマッチングサイトからの譲渡（9.0％）」「愛護団体からの譲渡（7.4％）」の順となっています。

日本では，犬はペットショップで購入，猫は拾って入手する方法が多いのに比べて，欧米では，動物保護団体やアニマルシェルターから譲渡してもらうことが一般的です。ちなみに世界で一番歴史が古く，大規模な動物保護団体の組織化に成功している機関がイギリスの王立動物虐待防止協会（The Royal Society for the Prevention of Cruelty to Animals: RSPCA）です（本章3節参照）。アメリカでは，アメリカ動物虐待防止協会（The American Society for the Prevention of Cruelty to Animals: ASPCA），ヒューメイン・ソサイエティ（Humane Society），他にはドイツのティアハイム（Tierheim）が有名な動物保護団体です。

どのような方法でペットを迎えるにしても，計画を立て家族全員が準備して話し合いを重ねて決定する場合と，衝動的に決定する場合とでは，後々のペットとの関係も違ってくると考えられます。前述のようにペットの平均寿命は延びてきており，最近では，18歳の犬や20歳の猫にもしばしば出会います。1つの命を引き受け，家族の一員となるわけですから，飼育するにあたり，それなりの覚悟と責任が伴ってきます。ペットが最期の時を迎えるまで責任を持って飼育することを終生飼養といいます。終生飼養はペットのためでもあるし，その家族全員のため，ひいては社会のためでもあります。途中で飼育放棄することによって，行き場を失った動物の多くは，新しい飼い主が見つからない場合は，殺処分されることになります。そのような不幸な動物を増やさないためにも，まずは家族で，飼育に関する知識，責任，準備はできているかどうかを十分に検討することが重要です。家族全員がペット飼育に賛成していることはもちろん，経済的な条件，家族のライフスタイル，近隣への配慮などの飼育環境の準備が整っているかを考えるべきでしょう。

ペットを飼育するとどのくらいの費用がかかるのでしょうか。1か月に平均的にかかるフードや医療費等を含んだ費用として，犬は平均10,368円，猫は6,236円となっています。平均寿命から生涯の平均必要経費は犬は約179万円，同様に猫は約112万円（ペットフード協会，2018ab）となっています。またもし重篤な病気に罹った場合は，莫大な治療費も必要となってくるでしょう。こういった経済的な面も事前に見積もっておくことが必要でしょう。

ここまで述べてきたことを整理すると，ペットを家族として迎えるための準備事項は，以下のようになります。

ペットと暮らすにあたり，あなたの家族の状況（家族構成，飼育動物の知識，責任）は整っているでしょうか？　下記の項目をチェックしてみましょう。

□家族全員がペット飼育に賛成しているか
□終生飼養は可能であるか
□動物アレルギーの家族はいないか（程度による）
□家族のライフスタイルに適している動物か
□経済的に飼育可能であるか
□家族で世話が可能であるか
□動物種や品種は適しているか
□その動物の知識はあるか:種類，特性，習性，飼育環境，フード，コミュニケーション方法，しつけ方法など

次に，家庭での飼育の適正を考える必要があるでしょう。環境省が提示したペットに必要な５つについて以下に紹介しましょう。

［ペットに必要なもの：５つのニーズ］

①適切な環境：温湿度，設備，用具など，動物にとって快適な生活環境を作る。

②適切な食餌：健康維持のために適切な食餌と水を与える。

③通常の行動パターンを表現すること：各動物の本能・習性に合った自然な行動が行えるようにする。

④他の動物と一緒にもしくは隔離して生活すること：習性に応じて，群れあるいは単独で飼育する。

⑤痛み，苦痛，外傷や疾病から守られること：怪我や病気から守り，病気の場合には十分な獣医療を施す。また，恐怖心や精神的な苦痛（不安）

を与えないようにする。

このような基本的なニーズを満たすことが，ペットとともに暮らすうえで重要となってくるのです。その他，近隣への配慮も忘れてはなりません。

人とペットが幸せに一緒に暮らすためには，準備や環境を整え，これらのペットのニーズを満たすことが重要です。

5. ペットの存在

飼い主にとって，ペットはどのような存在なのでしょうか。犬および猫と同居している独身の20代女性312人に「あなたにとってペットはどういう存在か」を調査した結果（表1-1），上位の回答では，「家族」「友人」「兄弟姉妹」「子ども」が多く，「かけがえのない」「心の支え」「安らぎ（その他）」などの心理的な理由が多くあげられていました（濱野，2002）。

▼表1-1　20代女性にとってペットはどういう存在か（複数回答％）（濱野，2002）

(N = 312)	%
家族	67.0
友人	22.4
兄弟姉妹	16.3
子ども	11.9
パートナー	3.8
恋人	2.6
愛玩動物	1.9
仲間	1.9
かけがえのない	8.0
心の支え	7.1
その他	10.1

ベリーマンら（Berryman et al., 1985）はペットとの関係は，自身の子どもとの関係に似ていると述べていますし，家族のメンバーであり子どもの役割を担う（Cain, 1985; Gage & Holcomb, 1991）ともいわれています。興味深いことに，前出の子どものいない20代の女性を対象とした調査（表1-1参照）でも，「子ども」という回答が上位になりました。その理由の１つとして，ペットは世話を必要とし，その命に責任を持たなければならないことがあげられます。また，言葉を話さない，人よりもコミュニケーションが直接的で複雑ではないことが，子どもとのコミュニケーションに類似していると考えられます。

では，人はなぜペットを飼育するのでしょうか。犬や猫を飼育する理由について，ペットフード協会（2018a, b）が全国の20～79歳の人を対象に行った調査をみてみましょう。犬を飼育する理由として，上位から順に，「生活に癒やし・安らぎが欲しかったから（犬33.5%，猫31.5%）」「過去に飼育経験があり，また飼いたくなったから（犬31.5%，猫28.2%）」「家族や夫婦間のコミュニケーションに役立つと思ったから（犬16.5%，猫12.1%）」でした。内閣府の動物愛護に関する世論調査（2010年）では，ペットとして動物を飼うことについて，良いと思うことはどのようなことかを複数回答で聞いたところ，「生活に潤いや安らぎが生まれる（61.4%）」が最も高く，以下，「家庭がなごやかになる（55.3%）」「子どもたちが心豊かに育つ（47.2%）」「育てることが楽しい（31.6%）」の順となっていました。これらの調査をみても，ペットを飼育する理由のほとんどが，心理的な利点であり，精神的な満足を満たすものとなっています。

現在，ペットの犬に番犬の役割，猫にネズミ取りの役割を期待する人はほとんどいないでしょう。多くの人が，ペットと一緒に生活することで，愛情関係を築いていき家族となっていくと考えられます。

6. 家族としてのペット

従来，家族とは血縁や婚姻で法的につながった社会的な小集団を示していました。内閣府（2007）の調査でも，どこまでを家族とみなすかについて調査した結果，同居別居にかかわらず，親，子ども，祖父母，孫などの直系の親族と，配偶者，兄弟（姉妹）までを「家族」の範囲と捉える人が多くみられました。このように家族の認識は，血縁や婚姻関係が中心ではありますが，昨今は新しい家族の捉え方が広まってきました。

山田（2004）は，本人が家族とみなした対象を家族とするという「主観的な家族」という定義を提唱しています。大野（2001）は，家族の条件を調査し，家族とは，「同居，血縁という形式ではなく，親密さという情緒的な結びつきがあって初めて成立する『内発的な関係』と考えられるようになってきた」と述べています。家族はもはや近親という法的なつながりを超え，本人が主観的に家族を決める時代に移行してきたのです。現在では様々な関係の人々が生活をともにし，お互いを家族であると認識しています。どこまでを，そして誰を家族の一員とみなすかについては，時代とともに変化してきているようです。

非血縁，非姻戚関係の中では，「愛情こめて育てているペット」を家族と判断する度合いが最も高く（大野，2001），もはや愛情を感じなくなった配偶者より，かわいい「ペット」の方がずっと大事な家族である（大野，2010）ということも起こりえると指摘しています。山田（2004）は，家族の一員であるコンパニオンアニマルを「家族ペット」と呼んでいます。また，ペットは裏切ることがなく，理想的な家族の姿を創造しているとも述べています（山田，2006）。筆者が行った，犬の飼い主を対象とした調査でも約半分が「犬は家族」と捉えており，子ども・兄弟姉妹という回答を含めると約６割が「犬は家族」と捉えていました（濱野，2003）。このようにペットを家族の一員として認める飼い主の割合が多いことから，社会全体がペットを家族の一員として認めつつあると考えられます。一方で，社会がペットを家族と認めると，飼い主は堂々とペットは家族であると表明できるという相互作用が起こってきます。

家族の多様化に伴い，夫婦２人だけの家族や同性のカップルが，子どものようにペットに愛情を注いで一緒に暮らしているケースもあります。また，ペットは，一人っ子のきょうだいのような遊び相手，一人暮らしをしている人のパートナーという具合に，変幻自在の家族として暮らしています。また現代では，家族の求めるものや家族をつなぐものとして，安らぎなどの心理的快適さを重視するようになってきました。そこでは家族に対する認識も，確固たる家族のイメージは薄れてあいまいになり，家族の形態や捉え方が変化し，親密で情緒的なつながりが重視された結果，対象は人という枠組みを超えて，愛情関係で結ばれたペットも家族の一員となってきたといえるでしょう。

日本の親は，子どもに何を期待しているのかについてみてみましょう。子どもを持つ 50 歳未満の人に「あなたにとって子どもとはどのようなものですか？」と尋ねたところ，男性では「生きがい・喜び・希望」の回答割合が高く，女性では，「生きがい・喜び・希望」とともに「無償の愛を捧げる対象」の回答割合が高い結果となりました（内閣府，2005）。子どもの価値は労働力などの経済的・実用的満足度から，精神的満足度へと変化してきたと，柏木（2003）は述べています。ペットは労働力にはならないものの，飼い主の精神的満足度を満たしてくれる存在になりつつあります。推計で 15 歳未満の子どもの数は約 1,533 万人（総務省統計局，2019）であり，犬と猫は合わせて約 1,855 万２千頭（ペットフード協会，2018a）ですから，いまやペットの数は子どもの数より多いのです。これらのことから，すでに子どものような役割を持つペットが増えてくる土台ができている，といえるのかもしれません。

2節　人とペットの愛着

1. 愛着とは

欧米や日本の歴史をからわかるように，人とペットとの関係は，使役関係から情緒的なものへと移り変わってきました。人とペットとの関係を表す用語について，今まで明確な定義はなされず，慣用的に「きずな（bond）」「愛着（Attachment）」という用語が使用されてきました。最近では，人とペットの関係に愛着という用語を用いて表すことが多くなりました。

愛着という用語に着目してみましょう。愛着理論は，イギリスの精神分析家で児童精神科医のボウルビィ（Bowlby, J.）が提唱した理論であり，エインズワース（Ainsworth, M. S.）が実証しました。愛着とは，人間（動物）が，特定の個体に対して持つ情愛的きずなのことです。この理論では，人の性質の基本的な要素として，特定の個人に対して親密な情緒的きずな（intimate emotional bond）を持つ傾向があるとしています（Bowlby, 1988）。言い換えれば，強い情緒的結びつきを特定の相手に対して起こすという人間の傾向の1つの概念化であり，対象喪失反応を説明する方法でもあります（Bowlby, 1979／作田，1981）。また，愛着理論（Bowlby, 1988）は，以下の3点を強調しています。

①親密な情緒的きずなの原初的，生物学的機能は，他者との相互関係において，中枢神経系のサイバネティックシステム（cybernetic system）で制御され，自己や愛着対象のワーキングモデルを用いて行われる。
②両親の養育（特に mother figure）は，子どもの発達に強い影響を及ぼす。
③乳幼児や子どもの発達について，発生経路（developmental pathways）の理論が，固着したり，退行したりする特定の発達段階を示す理論にとって代わることが必要である。

以上が現在の知見です。愛着理論で扱う事象は,「依存欲求」「対象関係」「共生と固体化」と同じですが，精神分析の理論だけでなく，比較行動学や，統制理論を取り入れて理論を構築してきたため，認知心理学，一般的科学理論とも適合する（Bowlby, 1979 ／作田，1981）学際的な理論となっています。また，多くの研究，臨床事例，行動観察から構築されているため，精神医学，心理学のみならず，様々な分野で応用されている理論です。ボウルビィ（1988）は，愛着と愛着行動を分類して論じていますが，愛着行動とは，愛着に伴う情緒の強さと，愛着を持つ個人と愛着対象との間に，どのような関係が成り立っているかによって決まってくる情緒の種類である，としています。また，子どもと親，成人どうしで，愛着のきずな（affectional bonds），愛着（attachments）が発達し，それらは生涯を通じて存在し活動する（Bowlby, 1980）というように，対象との間で生涯にわたって形成されるものと考えられます。信頼できる相手と築いた愛着は内在化されて，心の安全基地として，生涯にわたる心の発達や対人関係の基礎となるのです。最近では，愛着という概念は，愛情や情緒的なきずなとして捉えられていることが多くなっています。

エインズワースらは，親子の愛着行動を観察するために，実験観察法であるストレンジシチュエーション法を開発しました。これは，1 歳児と母親の分離と再会の実験場面を通して，愛着行動の有無や質を捉える方法です。ストレンジシチュエーション法の手順は，図 1-1 の通りとなっています。

また，愛着行動のパターンは以下の 4 つのタイプに分けられます。

①安定型：親と別れるときには悲しみを表し，親が戻ってくるとうれしそうに抱き付くなどスムーズに再会する。
②アンビバレント型：親と離れるときには悲しみを示すが，戻ってきたときには怒ったり，不快感を表したりする。
③回避型：親と別れても悲しみを表現しない，また，親が注意を向けても無視したりする。
④無秩序・無方向型：行動が組織化されず，何をしたいのか，どこへ行きたいのかがわからない。

①

実験者が母子を室内に案内，母親は子どもを抱いて入室。
実験者は母親に子どもを降ろす位置を指示して退室（30秒）

②

母親は椅子に座り，子どもはオモチャで遊んでいる（3分）

③

ストレンジャーが入室。
母親とストレンジャーはそれぞれの椅子に座る（3分）

④

1回目の母子分離。母親は退室。
ストレンジャーは遊んでいる子どもにやや近づき，はたらきかける（3分）

▲図1-1　ストレンジシチュエーション法（繁田，1987をもとに作成）

⑤
１回目の母子再会。母親が入室。
ストレンジャーは退室（３分）
⑥
２回目の母子分離。母親も退室。
子どもは１人残される（３分）
⑦
ストレンジャーが入室。子どもを慰める（３分）
⑧
２回目の母子再会。
母親が入室しストレンジャーは退室（３分）

ライニアソン（Rynearson, 1978）は，人とペットのきずなは，愛着の基盤となる動物としての共通性と，相互の必要性によるものであるとしています。また，コリスとマクニコラス（Collis & McNicholas, 1998）は，コンパニオンアニマルの文献において，人とペットの関係は，一般的に，きずな，愛着と特徴づけられるが，これらの用語がどのように使用されているかは明らかではないと論じ，ボウルビィ（1969）の理論やエインズワース（1989）の理論を用いて，これらの用語を説明しています。また，愛着やきずなの概念は，主に親子関係に関連しており，大人の思考や言語スキルと，子どもの洗練されていない思考や言語スキルの非対称という性質を持った親子関係が，人とペットの関係の概念への適用に魅力的なようであると指摘しています。また，ベリーマンら（1985）も，ペットとの関係は自身の子どもとの関係に似ており，依存・楽しさ／遊び・要求なしのくつろぎをもたらすためにペットとの関係は価値があるとしています。以上から，本書では，ボウルビィ（1969）の愛着理論をもとに，人とペットの関係を，「愛着（attachment）」と表します。

2. 人とペットの愛着尺度

欧米では人とペットの関係が親密になり注目されてきた社会背景から，1980年代から1990年代にかけて，人とペットの関係（relationship），愛着（attachment），きずな（bond），ペットへの態度（attitude）を心理学的に測定する心理尺度が開発されてきました。

心理尺度とは，アンケートに回答することによって，測定しようとするある心理の特性を可視化，数値化できる「ものさし」のことです。「測定結果がどの程度一貫（ないし，安定）しているかという概念の信頼性と，測定結果がどの程度測りたい特性に焦点を当てて，それを的確に捉えているかという概念の妥当性」（吉田，2002）が保証されていることが心理尺度の満たすべき条件となります。回答方法は，「あてはまる」「ややあてはまる」「どちらともいえない」「あまりあてはまらない」「あてはまらない」などのように，その質問項目に合致する程度を選択肢から1つ選択する評定尺度法が多く使われています。その選択肢の数によって5件法，7件法となります。この評定尺度法は，各評定間が同一の程度として設定されています。

これまでの人とペットの愛着を測定する心理尺度の多くは，いくつかの因子で構成されています。これは，愛着には様々な側面が想定されるからです。同じ意味のまとまりの潜在的な愛着の因子を想定した質問項目から構成されるため，その質問に答えることによって，愛着の特性を測定できるように作成されています。心理尺度の回答結果は，得点化され，因子ごとに単純加算したり，平均値や因子得点を算出したりして結果を数値化することによって，どの因子の傾向が強いか弱いか，もしくは，高いか低いかがわかります。愛着尺度の場合は，数値が高ければその愛着の特性が強いということになります。

日本において，人とペットの関係を測定する心理尺度として，テンプラーら（Templer et al., 1981）が作成したPAS（The construction of a pet attitude scale）がよく使用されてきました。これは，ペットの種類を限定せずに用いることのできる3因子18項目からなる心理尺度です。第1因子は「ペットへの愛情とふれあい」，第2因子は「家庭でのペットとの生活」，第3因子は「ペットを飼育することでもたらされた喜び」です。また，犬と猫の飼い主を対象に開発された，関係性から得られる情緒的な快適さを測定することのできるCCAS（Comfort from Companion Animals Scale: Zasloff, 1996）があります。これは，13項目の犬版と，猫やその他のペットの共通版11項目から構成されています。その他に，CABS（The Companion Animal Bonding Scale: Poresky et al., 1987），PAI（Pet-attachment Index: Stallones et al., 1988），PRS（Pet Relationship Scale: Lago et al., 1988），LAPS（Lexington attachment to pets scale: Johnson et al., 1992）等があります。

以上のように，欧米では，人とペットの愛着を測定する信頼性と妥当性が保証された尺度が多く開発されてきましたが，日本独自の尺度はほとんどありませんでした。そこで筆者は，歴史文化，宗教，動物観，生活様式が違うことから，日本独自の尺度が必要であると考え，人とペットの愛着を測定するための心理尺度の作成を試みました（濱野，2002, 2007）。具体的な方法としては，前述の欧米で開発された心理尺度の項目を参考にして質問項目を作成し，犬と猫の飼い主を対象に面接調査を行いました。その面接調査の語りから質問項目を作成し，質問紙調査を行い，人とペットの愛着尺度を作成しました。また，これまでの人とペットの愛着尺度研究の見地から，飼い主とペットの愛着は多様であると考えられたので，多因子を想定した尺度の構成を行いました。さらに，尺度の妥当性を高めるため，先行の情緒的な関係を測る尺度であるCCAS（Zasloff, 1996）の13項目を質問紙調査の項目に加えました。またペットの動物種に関しては，家庭内で最も一般的に飼育されており，他の動物に比べて寿命が長く飼い主と長期間にわたって人生を共にする可能性があるという理由から，犬と猫に限定して尺度の構成を行いました。犬と猫は習性の違いから飼い主との関係は異なりますが，飼い主との心理的関係を測定する場合はあまり相違ないと考えました。作成した質問項目について因子分析を行った結果，6因子34項目からなる尺度が構成されました（表1-2）。

因子はその尺度項目の性質を考慮して命名します。第1因子は「快適な交流」，第2因子は「情緒的サポート」，第3因子は「社会相互作用促進」，第4因子は「受容」，第5因子は「家族ボンド」，第6因子は「養護性促進」としました。この6因子の特徴をまとめたものを図1-2に示します。

各愛着因子の内容を以下に示します。

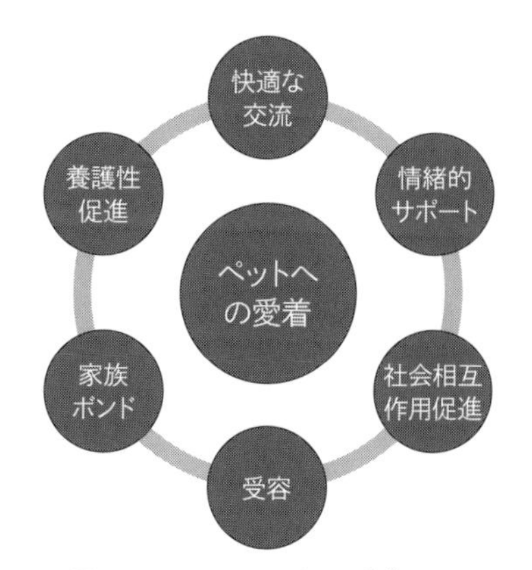

▲図1-2　人とペットの愛着の6因子（濱野，2007）

①快適な交流：ペットとの日常のふれあいは，快適さや楽しさを与えてくれる。

②情緒的サポート：ペットの存在は，ストレスを軽減する，気分を落ち着かせるなど，心理的なサポートになっている。

③社会相互作用促進：ペットは様々な世代や立場の他者との関係を促進してくれる。人と人との間をつないでくれる。

④受容：ペットに受け入れられていると感じる。安心感を与えられる。

⑤家族ボンド：ペットは家族の一員であり，家族がまとまったり，雰囲気を楽しくしたり，話題を増やしたり，争いごとを緩衝したりする。

⑥養護性促進：自分より弱いものを大切にする気持ちやケアする能力が養われる。

▼表1-2　人とコンパニオンアニマル（ペット）の愛着尺度（濱野, 2007）

教示：あなたとあなたのペットとの普段の関わりについてお尋ねします。次にあげるようなことにどの程度あてはまりますか。数字に1つ○をつけて下さい。あまり深く考えないで，思いつくままにお答え下さい。
「あてはまる」「ややあてはまる」「どちらともいえない」「あまりあてはまらない」「あてはまらない」の5件法で回答する。

第1因子「快適な交流」
私はペットを見ているのが楽しい（32）
ペットと一緒に過ごすのが好きである（9）
ペットは居てくれるだけで穏やかな気持ちになる（4）
ペットは私を楽しませたり，笑わせたりする（30）
ペットと一緒にいるといやされる（5）
私はペットをよく撫でる（27）
ペットは見ているだけで，楽しい気分にさせてくれる（10）
ペットが誰かにほめられるとうれしい（26）
私は，ペットに触れることで，気分が落ち着く（31）
第2因子「情緒的サポート」
嫌なことがあると，ペットに話しかける（7）
悩みや，悲しいことがあったときなどに，ペットの傍に行く（6）
他の人には言えないこともペットには話せることがある（3）
楽しいこと，うれしいことがあったときなどに，ペットの傍に行く（8）
私はストレスがあると，家族の誰よりも先にペットのところへ行く（22）
悩みや，つらいことがあるとき，ペットのことを思うと気持ちが慰められる（2）
ペットは他の誰よりも私のことを分かってくれる（1）
第3因子「社会相互作用促進」
ペットを介して，いろんな世代，年齢，立場の人と知り合いになれた（15）
ペットを飼ってから，近所の人と関わることが増えた（13）
ペットの散歩中に，知らない人に話しかけられることがある（14）
ペットの話題は，他世代（違う年齢）の人との話を円滑にしてくれる（12）
ペットの話は，苦手な人とのコミュニケーションの手段の1つである（16）
ペットが居るので，一緒に外へ行く機会が増えた（11）
ペットを飼っている人に親近感を覚える（17）
第4因子「受容」
ペットは私に「私は信頼されている」と感じさせてくれる（34）
ペットは私に「私は愛されている」と感じさせてくれる（33）
ペットは私に「私は必要とされている」と感じさせてくれる（28）
ペットは私に「私は安全だ」と感じさせてくれる（29）
第5因子「家族ボンド」
ペットの話は，家族の中で話題の中心である（19）
ペットの話は，家族の話題を増やした（20）
家族は，ペットがいるおかげでまとまっている（21）
ペットがいることで，家族のケンカが減った（18）
第6因子「養護性促進」
ペットを飼うことで，ケア（世話）する能力が身についた（24）
ペットを飼うことで，自分より弱いものを気にかけることを学んだ（23）
一つの命を育てているという満足感がある（25）

注）文末の（　）内の数値は質問項目の順序を表す。

これらの多様な愛着からわかるように，飼い主にとってペットは様々な愛情を満たしてくれる存在であり，心理的なサポートや心の安全基地といったように多様な愛情的側面があることがわかりました。

3. 愛着に影響を与える要因

筆者が犬の飼い主を対象に行った調査では，人とコンパニオンアニマル（ペット）（犬）の愛着尺度を用いて犬との愛着を測定し，どのような変数が愛着に関与しているかを分析しました（濱野，2002）。その結果，屋内飼育の犬は，屋外飼育の犬よりも愛着得点が高く，飼育場所が愛着に影響を及ぼしていることがわかりました。犬を家族と捉えている飼い主が増加するとともに，「番犬として外で飼うもの」という時代から，「家族」と捉えるようになり，犬が暮らす場所は家の中へと移り変わっていきました。この物理的距離が縮まると同時に，ますます飼い主と犬の心理的距離が密接になってきたと考えられます。ある飼い主は，「昔は家の外で飼っていたけれど，引っ越しでマンションに移って外で飼えなくなったので，その犬を家の中に入れて飼っていた。すると，同じ犬なのに以前よりもずっとかわいく感じる」と語っていました。これは，家の中で一緒に暮らしている場合，自然と一緒に過ごす時間が増えるためであると考えられます。例えば，犬を外で飼っている場合，餌や散歩，遊びといった必要不可欠，かつ飼い主側からのはたらきかけで接することになります。一方，家の中で暮らしている場合は，飼い主がテレビを見ているとき，家事をしているとき，勉強をしているときに，いつも傍にいることになります。しかも，飼い主主体のはたらきかけと，犬が主体のはたらきかけの両方が可能となります。屋外飼育の犬はリードにつながれていることが多く，家の中で一緒に暮らしている犬は家の中を自由に歩き回れます。リードにつながれている場合は，飼い主が主人，犬は従属する動物という意味合いが強くなります。他方，家の中で一緒に暮らしていると，犬は自由にふるまうことができ，犬の個性も際立ってみえてきます。このことは，飼い主が“一緒に住む仲間”“家族”と捉える一要因になると考えられます。また，屋外で飼育されている場合，家族の中で犬と多く関わる人とあまり関わらない人の差が生まれます。関わりたい家族は犬と頻繁に接しようとしますが，そうでない場合は自然と足が遠のくことでしょう。このことは，家族のメンバー間の「犬は家族である」という意識にズレを生じさせるかもしれません。一方，家の中で暮らす場合は，自然と家族全員が犬に関わることになります。これにより家族全員が「犬は家族である」と認識しやすくなるでしょう。犬は家族の傍で長い時間を過ごすことにより，家族のライフイベントを一緒に過ごし，家族の喜びや悲しみの場面に居合わせ，家族としての関係が強化されていき，その結果，１人ひとりが犬を家族と捉えるのみならず，「犬を含めた家族」という形態として成り立っていくことになるでしょう。つまり，１対１の関係から，犬を加えた全体で１つの家族として相互に関係し合うのです。

また，犬の健康診断をしている飼い主の方が，健康診断をしていない飼い主よりも愛着得点が高い結果となり，犬が病気になる前に健康に留意していることが愛着を強めていました。また，世話（餌やり，散歩，ブラッシング，洗う）の頻度と愛着との関連を分析した結果，餌やりと愛着には関連がみられませんでしたが，よく一緒に散歩に行くことは，社会相互作用促進の因子に影響を与えていました。このことから，犬の散歩を介して他者との交流が促進されていることがわかりました。

ブラッシングをよくしてあげることは，犬との快適な交流，情緒的サポート，社会相互作用促進の因子に影響がみられました。ブラッシングは飼い主と犬の心地よい交流に結びつくのでしょう。犬をよく洗ってあげることは，養護性の因子に影響がみられました。幼少の子どもをお風呂に入れてあげるような世話をすることが，飼い主のケア的な愛着を強めると考えられます。以上から，特に手間がかかる「散歩・ブラッシング・洗う」を行い，日常的に関わっていくことが愛着を強めていることがわかりました。

３節　動物虐待と動物福祉

動物虐待について述べる前に，虐待に関しての知識とイメージを持ってもらうために，はじめに子ども虐待についてみてみましょう。

1. 子ども虐待

健全育成，ハイリスクから虐待までスペクトラム上につながっており，早期発見しなんらかの介入をする必要があります。2000年に施行（2007年改正）された「児童虐待防止等に関する法律」によれば，児童虐待の定義は以下となっています。監護する児童の対象は18歳未満です。

一．児童の身体に外傷が生じ，又は生じるおそれのある暴行を加えること。（身体的虐待）
二．児童にわいせつな行為をすること又は児童をしてわいせつな行為をさせること。（性的虐待）
三．児童の心身の正常な発達を妨げるような著しい減食又は長時間の放置，保護者以外の同居人による前二号又は次号に掲げる行為と同様の行為の放置その他の保護者としての監護を著しく怠ること。（ネグレクト）
四．児童に対する著しい暴言又は著しく拒絶的な対応，児童が同居する家庭における配偶者に対する暴力（配偶者（婚姻の届出をしていないが，事実上婚姻関係と同様の事情にある者を含む。）の身体に対する不法な攻撃であって生命又は身体に危害を及ぼすものおよびこれに準ずる心身に有害な影響を及ぼす言動をいう。）その他の児童に著しい心理的外傷を与える言動を行うこと。（心理的虐待）

（厚生労働省）

中には，暴力を家庭のしつけの範疇と考えている養育者もいますが，子どもが苦しかったりつらかったり，傷ついている場合は，不適切な養育，虐待といえるでしょう。常に，子どもの立場に立って考えることが重要です。家庭における虐待のリスク要因としては，養育者側の問題，家庭の状況の問題（家族関係，経済など），社会からのサポートの乏しさ，子ども自身の特徴（育てにくさ，など），養育者と子どもとの関係性の問題等があります。これらのどれか1つが原因というのではなく，複雑に絡み合って作用するのです。

虐待を受けた子どもの特徴としては，基本習慣が身についていなかったり，身体や知的発達の遅れ，行動や感情面に問題を抱えていたりします。大人を怖がったり，反対に，初めて会った人にでも必要以上に親しく接する場合もあります。また，何かを感じたり感情を表現したりするのが苦手だったり，暴力や暴言，集中困難などがみられることもあります。このように，虐待を受けた子どもはあらゆる面でリスクを抱える可能性がありますし，その後の子どもの人生にも大きく影響してきますので，早期の発見と介入がとても重要になります。もし，地域で関わる子どもの虐待が疑われたら，直ちに，児童相談所や市町村の福祉事務所に通告する義務が国民に課せられています。「疑いを持ったら」というのが重要で，確信はなくとも疑ったら通告することで，最悪の事態を避けることができるのです。不自然な怪我がある，真冬や真夏に戸外に長時間放置されている等，おかしいと思ったら，間違っているかもしれないと思っても児童相談所等に通告する必要があるでしょう。

では改めて，なぜ人とペットの心理学の本で子ども虐待の話をするのでしょうか。虐待は，すべてではありませんが，多くの場合連鎖してしまうということが，これまでの研究や報告で明らかにされているからです。虐待（暴力）のある家庭では，まず弱い者に暴力が向けられます。子どもやペットたちとともにある利益や問題は，家庭内の現在の危機，もしくは迫り来る危機のシグナルとなりうるといわれています（Serpell, 1987）。

子どもやペットが安心して暮らせる家庭は，家族全員が幸せなのです。さらに，どのような対象に対しても，どのような状況でも，暴力は許さないという姿勢が平和で幸せな社会を築くためには必要なのです。

2. 動物虐待

動物虐待に影響を及ぼす要因としては，大きく分けて社会と個人の要因が考えられます。それには，時代背景，社会的モラル，倫理観，動物観，生命観など様々なものが影響します。世界初の動物虐待防止についての法律は，1822年にイギリスで成立した「家畜の虐待および不当な取り扱いを防止する法律（マーチン法）」であるといわれています。そのときの主な対象は，牛や馬などの家畜でした。その後，1824年に「動物虐待防止協会（Society for the Prevention of Cruelty to Animals: SPCA）」が設立され，1840年にヴィクトリア女王のお墨付きを得て，「王立動物虐待防止協会（The Royal Society for the Prevention of Cruelty to Animals: RSPCA）」となり，対象が他の動物へも広がっていきました。

動物虐待とは，「意図的に必要のない痛み苦しみ，もしくは苦痛を引き起こすこと，または動物を殺す，社会的に受け入れがたい行動」（Ascione, 2004／

横山，2006）です。また，環境省は，以下の２つに区分して説明しています。

1．積極的（意図的）虐待：やってはいけない行為を行う・行わせることであり，具体的には，殴る，蹴る，熱湯をかける，動物を闘わせる等，身体に外傷が生じる又は生じる恐れのある行為，暴力を加える，心理的抑圧，恐怖を与える，酷使　など。
2．ネグレクト：やらなければならない行為をやらないことであり健康管理をしないで放置，病気を放置，世話をしないで放置する　など。

動物虐待が起こる原因として，アシオーン（Ascione, 2004 ／横山, 2006）は，「子どもの好奇心から始まり，年長児では心理的問題も加わる，また青年期では仲間との遊び半分」をあげています。そして「衝動コントロールが弱くてつい行う，自らのストレス発散のために，自らの快楽のためが理由である」と言及しています。

動物の愛護および管理に関する法律の基本原則は，「すべての人が『動物は命あるもの』であることを認識し，みだりに動物を虐待することのないようにするのみでなく，人間と動物が共に生きていける社会を目指し，動物の習性をよく知ったうえで適正に取り扱うよう定めている」（環境省）とされています。ペットと暮らすためには，このことをよく理解する必要があるでしょう。この法律の愛護動物の虐待に関連する箇所を以下にまとめます。

・殺し傷つける
・その身体に外傷が生ずるおそれのある暴行を加え，又はおそれのある行為をさせること
・給餌や給水をやめ，酷使し，その健康および安全を保持することが困難な場所に拘束し，又は飼養密度が著しく適正を欠いた状態で愛護動物を使用し若しくは保管することにより衰弱させること
・疾病又は負傷した場合に適切な保護を行わない
・排泄物の堆積した施設又は他の愛護動物の死体が放置された施設で飼養，保管している

＊ここでいう愛護動物とは以下をいいます。

1）牛，馬，豚，めん羊，山羊，犬，猫，いえうさぎ，鶏，いえばと及びあひる

2）その他，人が占有している動物で哺乳類，鳥類又は爬虫類に属するもの

これらをみると，多頭飼育による飼育環境の悪化により適正飼育できなくなった場合も動物虐待に当てはまると考えられます。最近では，自己管理できないほど多くの動物を飼育し，どうにもできなくなる多頭飼育崩壊が問題となっており，行政，人の福祉，公衆衛生，動物の福祉の観点から早急に対応策を考える必要があるでしょう。動物の愛護および管理に関する法律違反人員は，2017年に通常受理が109人（起訴が38人，不起訴が73人）となっています（環境省，2018）。この数値が実際の動物虐待の数を反映しているかはわかりませんが，約15年前から受理数は増加してきています。今後，国民の動物愛護や福祉の意識の高まりとともに，「どのような行為が動物虐待に該当するか」という知識が広がれば，通報数は増えていくかもしれません。

3. 飼育放棄

多くの飼い主がペットを家族の一員として飼育している一方で，飼育を放棄する人もいます。自治体の動物愛護管理（相談）センター（以下，動物愛護センター）では，保護や引き取りなどの動物を収容し，管理し，新しい飼い主に譲渡します。しかし，飼い主が見つからない場合の多くは殺処分されてしまいます。環境省の調査によれば，2017年度に犬が約8千頭，猫が約3万5千頭殺処分されています。飼育放棄や保護された動物を抑留する間は，世話をする費用，さらに殺処分するためにも費用がかかり，これらに莫大な公費が費やされています。これは，道徳的にも倫理的にも経済的にも，とても憂うべき現実です。もし，殺処分数が減れば，この費用は他のことに有意義に使うことができるでしょう。動物愛護の観点からだけではなく，命に対する尊厳の観点からも罪のない動物の命を奪うということは避けねばなりません。これはペットブームが生み出した社会の裏側，負の遺産であり，個人の問題では済まされない，国民全員が取り組むべき課題であると考えます。それだけではなく，殺処分に関わる動物愛護センターの職員の精神的健康をも損なう恐れがあります。

殺処分に従事したある獣医師は，「動物の命を救うために獣医師になったのに，飼い主がいないというだけの理由で命を奪うことの苦痛を知ってほしい」と訴えました。職務上とはいえ，人間の身勝手のために，飼い主がいないという理由で，この矛盾した行為を，社会の責任の代わりに引き受けているのです。

動物愛護センターにおける飼い主からの動物の引き取り理由として最も多いのは，飼い主の病気，入院，死亡，次に引っ越し，またここ数年増えているのが，犬が高齢で病気になり世話ができないという理由です（湯木，2012)。引き取り理由のデータを開示している鳥取県をみてみると，「拾得（62%)」「飼い主の病気･死亡等（10%)」「繁殖制限未実施（5%)」「経済的理由（4%)」「動物の老齢・傷病等（4%)」でした。筆者ら（濱野ら，2017）は，民間の動物保護団体の協力を経て犬猫の保護依頼理由を調査しました。カテゴリに分類した結果,「飼い主の病気･傷病等（32.21%)」「遺棄拾得（26.85%)」「転居（10.07%)」「離婚（8.05%)」「苦情（6.04%)」の順となりました（表1-3)。

犬猫別でみると，犬では「飼い主の病気・傷病等（43%)」が多くを占め，次いで「離婚（17%)」「転居（13%)」の順に多い結果となりました。猫では「遺棄拾得（45%)」は半数近くを占め,「飼い主の病気･傷病等（24%)」「転居（8%)」の順に多い結果となりました。どちらも「飼い主の病気・傷病等」は多く，保護依頼の電話をかけているのが飼い主以外の場合もあるので，その場合は，電話で依頼している人に新しい飼い主になってもらうように説得したり，解決方

▼表 1-3　犬猫保護依頼理由のカテゴリ名と定義とその割合（n=149）（濱野･高鍋･大林，2018）をもとに作成

カテゴリ名	定義	割合(%)
飼い主の病気・傷病等	飼い主自身や親族が病気または傷病のため飼育困難	32.21
遺棄拾得	野良猫や犬を拾ったが飼育困難	26.85
経済的理由	倒産や生活保護などでペットの飼育が困難	4.70
離婚	離婚の結果，双方がペット飼育困難	8.05
動物の老齢・傷病等	ペットの病気等が原因で飼育困難	4.70
問題行動	ペットの問題行動により飼育困難	3.36
転居	飼い主の転居により飼育困難	10.07
苦情	ペットに対する苦情により飼育困難	6.04
不明		4.03

法を提案したりすることで回避できる可能性があると考えられます。

一方，猫では，野良猫問題が多いと考えられ，これは行政や地域全体で去勢・不妊手術の対策などに取り組む必要があるでしょう。また犬では，保護依頼理由に「離婚」が上位にきており，猫ではほぼ最下位という結果から，離婚による生活の変化があり，結果として犬と暮らすことが困難になる場合もあるとみられます。2016 年の離婚件数は 21 万 7,000 組，離婚率（人口千対）は 1.73 と推計されます（厚生労働省，2016）。このような社会背景の中，離婚後のペットのゆく末を考える必要性が出てくるでしょう。反対に夫婦のどちらもが子ども同様のペットの引き取りを希望し争うことも増えてくるかもしれません。ペットの飼育放棄と離婚問題との関連要因を探るためには，今後さらに調査する必要があります。

環境省や各自治体の動物愛護センター，民間の動物保護団体は，犬や猫の譲渡や去勢・不妊手術のサポート，終生飼養の啓蒙，飼い方教室など，様々な努力を行っており，一定の効果を得て殺処分される犬や猫が減少してきています。自治体の動物愛護センターの取り組みの例をあげます。長野県のハローアニマルは，動物ふれあい教室で動物介在教育，動物ふれあい訪問で動物介在活動を行っています。また，奈良県のうだ・アニマルパークでは，子どもたちに，動物への思いやりを深め「いのち」の大切さを実感させる「いのちの教育」を行っています。これらは，次世代を担う子どもたちに動物の適正飼育やいのちの大切さを伝えることで，将来の殺処分数を減少させることに貢献すると考えられます。また，公益社団法人や NPO 法人，民間の動物保護団体も，飼い主のいないペットを保護し，新しい飼い主を探す活動を行ったり，野良猫や地域猫を去勢・不妊手術をして元の場所に戻す等の活動を惜しみない努力と情熱で行っています。ペットは社会の一員であると個々人の意識が変わると，社会を動かす大きな潮流になるでしょう。

4. 動物の保護活動

飼い主のいない犬や猫の保護に関しては，日本では大部分が地方自治体の動物愛護センターがその役割を担い，その他民間の動物保護団体，アニマルシェルターが存在します。ちなみに，大規模な組織化に成功している動物福祉団体が，イギリスの王立動物虐待防止協会（RSPCA）です。日本の民間の動物保護団体の多くが運営資金面で苦慮しているのに比較して，RSPCAは寄付金で運営され，資金，施設，人材やシステムを確立しています。2016年度は，総収入が1億4,350万ポンドで，一番多いのが遺産（7,860万ポンド），次いで寄付や募金（4,270万ポンド），慈善活動（1,110万ポンド），その他（980万ポンド），投資（130万ポンド）です（2017年4月時点）（RSPCA, 2016）。欧米では，企業が寄付をすると優遇される制度が整っており，日本よりも寄付しやすいという状況もあるでしょう。しかし，RSPCAでは，企業からの寄付よりも個人の寄付の方が多いということです。このことは，国民に動物愛護や福祉の意識が浸透し賛同を得られることや，環境が整っていることを示しています。RSPCAは歴史が古く，これまでの活動から多くの国民の賛同を得られているからでしょう。また，動物虐待防止活動や動物保護活動を担うインスペクターという仕事が浸透しているのも理由の1つと考えられます。

筆者は，2017年にRSPCAの本部を視察しました。広報，科学学術，国際，政治，キャンペーン企画等の各部門があり，それぞれの役割が分担されて機能しています。1つのビル内に各部署が揃うことで，合同会議の開催や横のつながりが円滑に進むようです。一方，日本の民間の動物保護団体の中には資金繰りに苦慮している団体，私財を投入して運営している団体もあり，事務，動物の引き取り依頼の電話対応，動物の管理や世話，譲渡会の開催，広報活動まで，様々な役割を兼務してこなしています。もっと予算や人手があれば仕事の役割を分担でき，個々人の専門性がより活かせるでしょう。例えば，動物看護師やトレーナーなどの動物関連の資格を有する職員の場合は，動物の管理や世話，トレーニングに専念する等，その人に合った専門性を活かせる部署に配置されれば，効率的に時間を費やすこともできるでしょう。民間の動物保護団体と，RSPCAとは規模が違うので単純には比較できませんが，ボランティアの人手を増やすことで，職員は専門性を活かした仕事に時間を費やすことができるのではないのでしょうか。そこで重要なことは，ボランティアの有志が数多くいても，どの時間帯で，どの場所に，どのようなボランティアを配置するか，といったコーディネートが適切に行われないと，その力を有効に使えないだろうということです。動物が好きで力になりたいと考えている潜在的なボランティアの人員はまだまだ多くいると推測されるので，それを掘り起こすことも重要になってくるでしょう。また，資金面や人材面では，日本人の動物愛護や福祉に対する関心が高まっている今がチャンスであり，SNS（Social Networking Service：ソーシャル・ネットワーキング・サービス）やクラウドファンディング等を利用する方法も有益であると考えられます。

もちろん，欧米式のスタイルがすべて良いというわけではありません。日本は，各自治体の動物愛護センターが公費を使用して行っているというメリットもあります。運営資金がある，獣医師などの専門家を配置できる，全国である程度統一した運営指針を出すことができる等のメリットがあるからです。

RSPCA の運営について，国際部長であるポール・リトルフェア氏（Paul Littlefair）に面接調査を行いました。その結果をまとめると以下のようになります。

①飼い主からの犬や猫の引き取りは基本的に行っていない。保護した犬や猫の譲渡のみ行っている。
②ほぼすべての保護した犬や猫を半年以内に譲渡している
③譲渡先の飼い主の条件として，RSPCA の定めるペット譲渡先の要因（動物福祉に留意した）を満たしていればよいので，年齢制限はない。

RSPCA がほとんどの保護犬や猫の譲渡に成功している要因は，どのような動物を譲渡するかの選定基準が明確であることと，英国民に活動が浸透しており，新しくペットを飼う際の入手先の１つとして定着していることであると考えられます。どのような動物を譲渡するかについて，安楽死の選択を含めた選定基準を日本に当てはめることができないのは，ペット飼育に関わる動物観の違いがあるからです。

また，高齢者がペットを飼育する利益は様々な研究で検証されているにもかかわらず，日本において，多くの動物愛護センターや動物保護団体で譲渡の条件として年齢制限があるために，保護犬や猫を高齢者が引き取れない現状は再考する必要があるでしょう。十分に飼育環境が整っている高齢者もいるでしょうし，年齢で一括りにするのは，潜在的に良好な飼い主を見落とすことにもなっているのではないでしょうか。高齢者が飼い主であっても，近親者や近隣住人がペット飼育のサポートをしてくれる場合等は，譲渡先として考慮してもよいのではないでしょうか。また，飼い主に何かあったときの対応等の環境を整えることで，さらに高齢者への譲渡も視野に入れることが可能になってくると考えられます。

5. 動物福祉

動物を飼育するには責任が伴います。動物飼育に関する法律として「動物の愛護および管理に関する法律」（動物愛護管理法）があります。これは，1973年に議員立法で制定されました。そして，1999年と2005年，2012年，2019年に一部法改正が行われています。法律の目的は，動物の愛護と動物の適切な管理（危害や迷惑の防止等）に大別できます。対象動物は，家庭動物，展示動物，産業動物（畜産動物），実験動物等の人の飼養に関わる動物になります（環境省）。この法律は，「動物の保護および管理に関する法律」から「動物の愛護および管理に関する法律」に名称が変更され，動物取扱業の規制や動物虐待の罰則が強化されました。その後の法改正で少しずつ罰則が厳しいものになり，2012年の法改正では，犬猫等の繁殖業者による出生後56日（暫定的）を経過しない犬猫の販売のための引渡し・展示の禁止が含まれました。その他，多頭飼育の適正化，犬および猫の引き取り，災害対策等が設けられるなど，動物の取り扱いを適正化するために法律が制定されたり，改訂されてきました。さらに，2019年に一部法改正が行われました。主な改正点は以下となっています。

- 犬猫の繁殖業者等にマイクロチップ装着・登録の義務化
- 犬猫の販売可能時期を生後56日（8週）以降へ
- 殺傷の罰則を5年以下の懲役または500万円以下の罰金に強化
- 虐待・遺棄の罰則を1年以下の懲役または100万円以下の罰金に強化（1年以下の懲役が付加された）
- 獣医師による虐待の通報の義務化

しかし，動物福祉の有識者によれば，例外の領域がある，努力義務がある等，現法律は発達途上であり，動物の福祉を考えるとさらに厳格にしてほしいという要望もあるようです。

ペットを飼育するときに守るべき動物の福祉（animal welfare）に，５つの自由（The five freedoms）という考え方があります。これは，1992年に，イギリスの農用動物ウェルフェア諮問委員会が提唱したことから始まりました。以下は，イギリスの王立動物虐待防止協会（RSPCA）が流布したものを翻訳作成したものです。

①飢えと渇きからの自由：十分な新鮮な水と，その動物に適正な質と量の食餌を与える。
②不快からの自由：その動物に適正な環境で，快適に暮らせる場所を与える。
③痛みや外傷，病気からの自由：動物が病気や怪我をしていないかを確認し，そうなった場合は直ちに治療を受けさせる。
④正常な行動を表す自由：十分な場所，適切な施設，同種の他の動物と交流できるか確認する。
⑤恐怖や不安からの自由：精神的苦痛を与えない状況や待遇をする。

以上から，ペットとお互い幸せに暮らすためには，動物の福祉に基づいた適切な飼育環境を整え，終生飼養を行うことが肝要なのです。

また，RSPCAは，産業動物（Farm animals），実験動物（Laboratory animals），コンパニオンアニマル（Companion animals），野生動物（Wild animals）の福祉を対象としています。日本において動物愛護や福祉と聞くと，ペットを思い浮かべる人がほとんどでしょう。もしくは，動物福祉という言葉さえ聞いたことがない人も多いかもしれません。RSPCAの産業動物部門では，科学的知見に基づいた動物の福祉を提唱しています。その広報活動の１つとして，有名レストランと協力することで人々の動物愛護の意識を高める方略をとっています。動物福祉に留意し育てられた家畜の肉，卵，乳製品を使っていることを明示することにより消費者にはたらきかけ，そういった製品を選択してもらうのです。例えば，豚は鼻で土掘りができる環境でのびのびと飼育されている，ニワトリは十分に運動ができる環境で飼育されている等です。日本においても，この方略は産業動物の福祉に注意を喚起することに有効にはたらくのではないでしょうか。

最後に付け加えると，動物福祉を考えるにあたって，かわいそう，ひどいという感情面だけではなく，理論的で科学的な視点を忘れてはならないでしょう。そして何よりも，生命倫理や道徳の観点を入れることが重要となるでしょう。

私たちは地球上のすべての命の責任者

平和でなければ，人も動物も幸せにはなれません。

1945 年第二次世界大戦で敗戦した日本の主要都市は信じがたい焼土と化し，人々はもちろん，子どもも動物も無残な死に襲われ，そして広島，長崎への原爆の投下で日本は世界唯一の被曝国としての責任を担いました。東京の中心地にあった，筆者の生家も焼失し，庭にあった鶏小屋には全身焼けただれた母鶏が 3 羽の雛をしっかり抱いて死んでいました。

当時の日本の獣医師はすべて男性，参戦して不在のため，動物たちは見殺しとなり，当時 10 歳の私はその無残さの中で，参戦しない女性の動物のお医者さんになろうと決心していました。

それから日本で最も古い女性の獣医師となっておよそ 60 年，伴侶動物診療に携わりながら，まだまだ遅れている動物たちの社会的処遇の改善を目的の 1 つとして伴侶動物とその家族のペアによるボランティア，動物介在活動（Animal Assisted Activity: AAA），動物介在療法（Animal Assisted Therapy: AAT），動物介在教育（Animal Assisted Education: AAE）に取り組んできました。

本書を読んでくださる方々には戦火を経験した方はいないでしょう。しかし，今でも人が人を殺し合う戦争は絶えていません。このような悲惨な争いを起こさせないためには，決して戦争をしない，命を大切にする人類を育てることが必要です。

人はおよそ 10 歳までに立派な脳，特に優しさや希望的発想をする前頭前野が発達します。これを支え育む役割に大切なはたらきをするのは豊かな自然と身近な動物たちです。

「たのしいね」
女の子が犬に読み聞かせをしてあげている様子

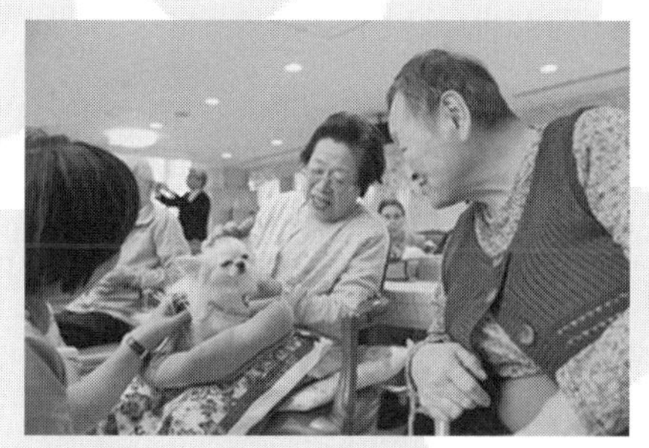

「ほーいいこだね」
施設にて犬が訪問セラピーを行っている様子

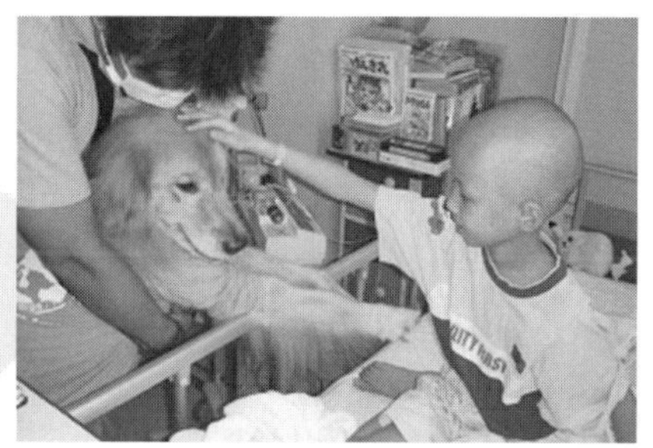

「来てくれてありがとう　待ってたよ」
病院にて犬が訪問セラピーを行っている様子

（現）公益社団法人日本動物病院協会（Japanese Animal Hospital Association: JAHA）は，人と動物とのきずな（ヒューマン・アニマル・ボンド）を大切にした動物を介在した活動を獣医学を通じて社会に貢献する活動として，1986 年に人と動物とのふれあい活動（Companion Animal Partnership Program: CAPP）をスタートしました。この活動は，会員獣医師，動物看護師，ボランティア（飼い主）と家族としての適性のある犬と猫を中心に世界の基準をクリアして訪問活動を継続しています。スタートしてから 33 年間に 2 万 1,500 回の活動を全国各地で行い，その間に事故やアレルギーの発症は 0 でした。陽性強化法（ほめて優しく育てる）による学習と健康管理のできた家族としての動物たちのお陰です。訪問先は，動物介在活動として，主に高齢者施設，動物介在療法では病院，ホスピス，リハビリテーション，動物介在教育としては，学校，児童館，保育園，幼稚園，READ プログラム等で各々に専門職とチームリーダーが協力します。

さて，人類の長い歴史に寄り添ってきてくれた犬と猫は今，帰る自然を失いました。適性があれば家族として人の社会で仕事を持つことは，きっと人にとっても動物にとっても幸せな将来の姿であると考えます。

第2章

ペットとの関係から得られるもの

1節　ペットとの暮らしがもたらす効果

1. 3つの利点

多くの人が「ペットに癒やされる」と話します。“癒やし”と一言で言ってもそれぞれの人にとって様々な意味が込められていることでしょう。楽しい，嫌なことを忘れる，リラックス等，ペットと一緒に過ごすことで，なんらかの利益を得ているのです。では，ペット，もしくはコンパニオンアニマルと過ごすとどのような良いことがあるのでしょうか。マックロウ（McCulloch, 1983）は，動物が人にもたらす効果には，3つの種類の利点があることを示しています（図 2-1）。

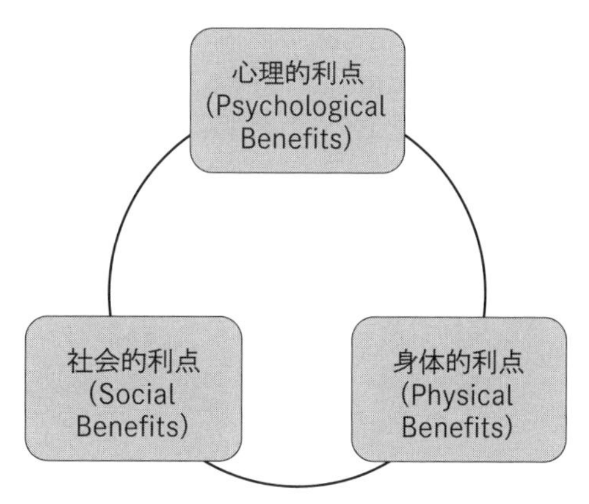

▲図 2-1　ペットとの関係から得られる3つの利点
（McCulloch, 1983 をもとに作成）

この3つの利点は以下です。

①心理的利点：楽しい気持ちになる。必要とされていると感じる。動機づけになる。自尊感情が高まる。達成感が得られる。孤独感が軽減される。
②社会的利点：対人関係の潤滑剤になる。人と人との間をつなぐ役割がある。

③身体的利点：ながめたり撫でたりすることでリラックス効果が得られる。病気からの回復に役立つ。神経筋肉系のリハビリテーションに役立つ。

各利点は，重複したり相互に影響しあったりします。これらの利点をもたらす動物としては，ペット，教育施設や高齢者施設で飼育されているコンパニオンアニマル，動物介在介入（2節）の介在動物があげられます。

これらのことから，ペットに対して“癒やし”と感じる背景には，心や身体，対人関係をも心地よくしてくれる効果があることがわかります。これら3つの利点に関する研究が進められて，それぞれの効果が実証されてきました。

また，山田（2008）は，家庭においてペットが心身の健康に及ぼすと期待される効果を，年代別に指摘しており，高齢者では「社会的サポート，抑うつ，孤独」，子どもでは「責任感，肯定的な自己概念，共感性，自尊心，自己統制，自主性」，青年では「孤独感，自尊心」に効果があるとしています。これらのように発達段階によって，得られる効果は異なってきます。

2. ペットと暮らす健康効果

近年，ペット飼育が人の健康に役立つことを証明するために様々な研究が行われてきました。主に使用されている研究方法としては，以下の5つがあります。

①質問紙調査法：アンケートを用いて，ある人の意識や態度，行動，または，社会の事象などを捉える。心理尺度法や社会調査法がある。

②面接調査法：調査協力者とインタビューを通して調査を行う。質問項目の回答の自由度から，構造化法と半構造化法に区別される。

③観察法：観察可能な行動を客観的に記録，分析し，行動の質的・量的な特徴や，その法則性を解明する。

④実験法：一定の条件下で，実験者が操作を加え，その反応（結果）を測定する。

⑤事例研究法：1つあるいは少数の特徴のある事例について，あらゆる角度から詳細に取り上げて記述する方法である。

ペット飼育による健康への効果を明らかにした縦断的な調査研究がフリードマンら（Friedmann et al., 1980）の調査です。人の健康には心理的・社会的因子が関与しているという視点から，心血管系の健康に対し社会的サポートの1つとしてペットの飼育を考え，ペットの飼育と心血管系の健康状態の関係を検討しました。その結果，ペットを飼っている心血管系患者の方が飼っていない患者よりも退院1年後の生存率が高かったことを見出しています。これはペット飼育が健康に寄与していることを証明する画期的な研究で，多くの注目を集めました（図2-2）。

他にも多くの研究によって，ペット飼育が人の健康に与える効果が明らかにされています。サーペル（Serpell, 1991）は，犬や猫の飼い主はペットを飼っていない人よりも日常の健康問題が有意に少ないことを明らかにしました。

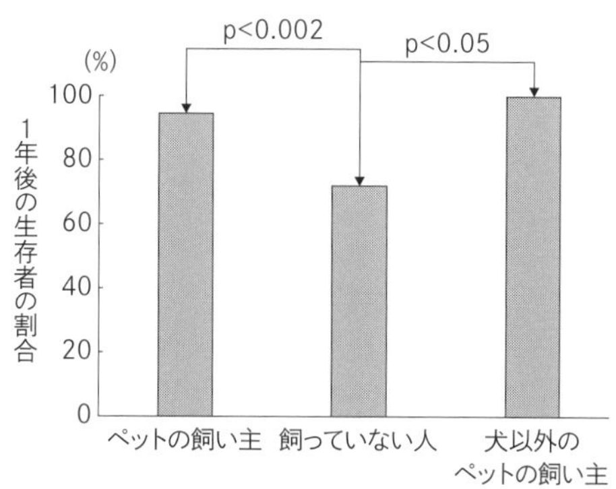

▲図2-2　心疾患病棟に入院後，ペットの飼い主と飼っていない人，犬以外のペットの飼い主の退院1年後の生存率の比較（Friedman et al., 1980をもとに作成）

ハーディ（Headey）らは，いくつかの大規模な縦断的な調査を行い，ペットの健康への効果を実証してきました。ペット（犬，猫）の飼い主は，ペットを飼っていない人よりも，1年間の病院への通院回数が少なく，心臓疾患や睡眠困難で治療を受ける人が少ないことを明らかにしました。そのことから，医療費を大幅に削減できる効果があると報告しています（Headey & Grabka, 1999）。

また，ハーディらは，ドイツとオーストラリアにおいても，大規模な縦断的な調査を行いました。その結果，ペットの飼い主はペットを飼っていない人よりも1年間に通院する頻度が15％少ない結果となりました（ペット以外の変数は統制しています）（Headey et al., 2007）。さらに，中国における自然実験（1992年まで中国ではペット飼育が事実上禁止されていました。その後，都市部で犬の飼育が急激に増えました。そのような背景から自然な実験として調査することができたのです）で，犬を飼うことによる健康への効果について女性を対象に調査を行いました。その結果，犬の飼い主は，ペットを飼っていない人よりもよく眠ることができ，フィットネスなどをして，病欠勤が少なく健康であり，通院回数も少ないことがわかりました（Headey et al., 2008）。かつて，犬と暮らすことになじみがなかった人々が，犬と暮らすことの健康効果を検証した画期的な研究といえるでしょう。

一方，ペットと暮らす効果について，血圧やストレス指標としてコルチゾール値や唾液アミラーゼ活性値を用いた生理化学的な研究も行なわれてきました。アンダーソンら（Anderson et al., 1992）は，オーストラリアの成人の心血管系疾患のリスクファクターを検討した調査で，ペットを飼っている人とペットを飼っていない人を比較しました。その結果，飼い主の収縮期血圧，血漿トリグリセリドがペットを飼っていない人よりも低いことがわかりました。また，男性では，飼い主の方が飼い主でない人よりも有意に収縮期血圧と血漿トリグリセリドが低い結果となりました。女性では，40代以上で，飼い主は，飼っていない人よりも収縮期血圧が低いことが明らかになりました。生活習慣や社会経済的地位のペットの飼育に関連するリスクファクターへの影響も検討されましたが，この結果に影響を与えるほどではなかったことが指摘されています。したがって，ペット飼育が健康に直接的な要因として影響していたと考えられます。最近の研究では，ペットと一緒にいたり，なでたりすることでリラックスしているかどうかを脳波から測定したり，オキシトシンホルモンを指標とした画期的な研究が行われたりするようになってきました。

オキシトシンホルモンというのは，脳下垂体から分泌され，主に授乳や分娩に関わるホルモンです。一般にはわかりやすく，「幸せホルモン」「愛情ホルモン」と呼ばれ，幸福感，愛情や信頼関係に肯定的に作用するといわれています。飼い主と犬が交流すると双方にオキシトシンの増加が認められた（Odendaal, 2000）など，2000年頃から，人と犬のふれあいによるオキシトシンの変化を捉えた研究が散見されるようになってきました。

その中で日本のチームである永澤らの研究（Nagasawa et al., 2015）を紹介しましょう。飼い主をよく見つめる犬の群は，見つめない犬の群よりも，30分間交流した後の飼い主と犬の双方の尿中のオキシトシン濃度が有意に上昇しました。これはペットのオオカミにはみられず，犬との交流においてみられたものでした。次に，犬にオキシトシンを経鼻投与したところ，メスの犬は飼い主を見る行動が増加し，交流したその飼い主だけに尿中のオキシトシン濃度の上昇がみられたそうです。飼い主と犬には母子の関係にみられるような見つめ合うことと，オキシトシンを介したポジティブ・ループが存在し，きずなが形成されることが明らかにされました（図2-3参照）。

これらの生理化学的指標を用いた科学的なエビデンスは，「ペットと暮らすと良いことがある」「動物介在介入は人にとって効果がある」ということを証明するにはとてもインパクトがあり，多くの人たち，時には動物が嫌いな人をも納得させる説得力を持つでしょう。ここで重要なことは，ペットとの愛着が大きく関わっているということです。大好きなペットとの暮らしから「癒やされる」「元気になる」「ストレスが減る」等の効果があると考えられます。

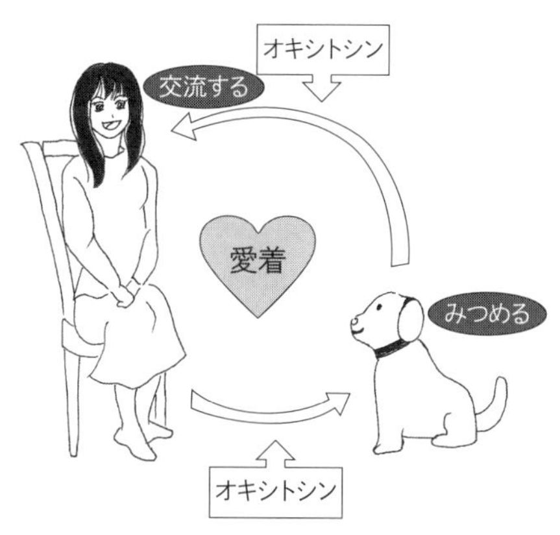

▲図 2-3　飼い主と犬の見つめ合う効果
（Nagasawa et al., 2015 をもとに作成）

これらの研究のエビデンスが示しているのは，ペットと暮らすことのポジティブな影響です。ペット以外の要因が働いている場合もありますので，ペット飼育の効果を調べるために研究者たちは，横断的研究や縦断的研究，調査法や実験法，主観的指標や客観的指標，心理尺度や生化学的指標を用いる等様々な工夫をして努力してきました。最近，医学の分野では，科学的根拠に基づいた治療効果を証明するために，いくつかの関連する臨床研究データを組み合わせて，極力バイアスを抑えて総括的に結果を評価するメタ分析という手法も用いられています。1つひとつ個別に検討していればみえなかったこともメタ分析を用いれば明らかに効果のある要因が抽出できるでしょう。今後，ペットの心理身体的健康に与える効果に関する研究にも活用されていくでしょう。

一方で，ここ数年，心理学や医学の分野では，マインドフルネスという手法が注目されています。マインドフルネスとは，「今，この瞬間の体験に意図的に意識を向け，評価をせずに，とらわれのない状態で，ただ観ること」と定義されています（日本マインドフルネス学会）。これは，「ここに生きる，今の経験に注意を向ける」ということです。しかし，人は雑念に支配されやすく，「今ここ」に集中するのは簡単なことではありません。人は過去を憂い，未来を不安視するとき，「今ここ」を生きておらず，不安や恐怖に陥りやすくなってしまいがちです。ここで，改めてペットとの暮らしを考えてみましょう。動物は，過去を振り返ったり，未来に思いを馳せたりはしません。今を生きています。「今ここ」を動物たちはすでに実践しているのです。そうしたペットと交流することで，一緒に暮らしている家族もまた，「今ここ」に視点を集中させやすくなります。そして，ペットと関わっていると何も考えず心地よい気持ちで無心になることが多いのです。ペットとの暮らしは，大切な今を生きることを教えてくれるのかもしれません。

2節　ペットの力を活かした動物介在介入（アニマルセラピー）

1．動物介在介入について

動物が人に与える効果として，心理的，社会的，身体的利点があります（本章1節参照）。これらのような効果を期待して，高齢者施設や病院で動物を活用するのが，いわゆるアニマルセラピーです。正確な名称ではありませんが，アニマルセラピーという呼び方が，一般的には周知されています。

動物介在介入（Animal Assisted Intervention；以下 AAI）とは，IAHAIO（2014）の定義によれば，「人の治療効果を目的として，健康，教育，福祉（human service）（ソーシャルワーク等）に，意図的に動物を含むまたは取り入れる目標志向型かつ構造化された介入である。それは，人と動物の知識を持つ人を含んでいる。また，動物介在療法，動物介在教育，一定の条件下の動物介在活動のような正式な福祉サービスの人と動物のチームを包含している。」ことです。

厳密には3つの種類があります。以下に正式な名称と簡単にまとめた定義を記載します。

①AAT（Animal Assisted Therapy）動物介在療法：健康，教育，福祉

の専門家が直接行う，もしくは指導で行い，治療目標があり構造化されている。その治療過程は評価され，専門文書に記載される。特定のクライエントの身体的，認知的，行動的な改善や回復，社会情緒的機能の強化などを目標にする。

② AAE（Animal Assisted Education）動物介在教育：教育および関連する専門家が提供，もしくは指導で行う。教育目標があり，計画され構造化されている。実施する教師は，関係する動物についての知識を持っていなければならない。学問的な目標，または，向社会的スキルおよび認知機能の向上などを目標にする。その教育の経過は評価され，専門的な文書に記載される。

③ AAA（Animal Assisted Activity）動物介在活動：動機付け，教育およびレクリエーションの目的のために計画された非公式な相互作用や訪問活動のことである。入門的なトレーニングを受けて一定の基準を満たした人と動物のチームによって行われる。場合によっては，専門家と組んでAATかAAEに参加する場合もある。

（IAHAIO, 2014をもとに作成）

その他に，動物介在心理療法（Animal Assisted Psychotherapy）など，厳密に方法を設定しているものもあります。

では，動物介在介入実施の留意点について考えてみましょう。

【動物介在介入実施の留意点】

（1）介入を受ける人の効果と安全性

・動物の介入が有効か，不利益があるかについて，事前に検討しておく。

・動物に対して恐怖がある場合には参加の可否を検討する。

・動物アレルギーの有無と程度について把握し，参加の可否を検討する。

・人と動物の安全のために，動物を虐待した経験があるかどうかについて把握し，参加の可否を検討する。

＊リスクを排除して最大限の効果を得るために細心の注意を払う

（2）介在動物について

「人道的な方法（humane methods）でトレーニングされていて，適正に飼育されケアされていて今後もそうである家畜化された動物のみを介在させる(1988年プラハ宣言:IAHAIO)。」すなわち，トレーニングに暴力や罰を用いず，報酬（ほめる，あそぶ，おもちゃ，フード）を与える，さらには，動物自身のモチベーションに基づいたトレーニング方法が望ましい。また，家畜化されたという条件が入っているのは，その動物種の行動や持っている可能性のある病気について十分に解明されていて，人に害を及ぼさないと保障できることが重要である。多くは，家庭で一緒に暮らしているペットや，施設で適正に飼育されているコンパニオンアニマルを用いる。

例：犬，猫，ウサギ，モルモット，馬，ハムスター，鳥，ヤギ等である。

(3) 介在動物の適性

〈公衆衛生学的適性・健康管理〉

・定期的に健診を受けており，健康が維持されている。
・狂犬病ワクチンをはじめ，適切なワクチンを接種しており，他の動物に伝播する病気に感染しておらず，予防を行っている。
・人獣共通感染症（動物から人へ，また人から動物に感染する病気）に対する安全性の基準を満たしている。

〈行動適性〉

・動物の性格が活動に適している。
・社会的なマナーが身についている。
・飼い主と一緒に楽しく活動に参加できる。
・陽性強化法でトレーニングされ，適正に飼育されている。

〈その他〉

・活動にあった動物種を選択する。
・年齢が適切である（幼齢，老齢動物は用いない）。

(4) 動物福祉

動物福祉の視点を常に意識する。介在動物の身体的・精神的負担にならないように，実施場所や環境を選択し，プログラム内容を構成する。また，参加の際は，介在動物の体調や状態を観察し，ストレスになっていないかについて常に配慮する。

(5) 介入を行う人の適性

・社会人としてのマナーが身についている。

・健康管理を行っている。
・人と関わることが好きである。
・どのような人にも尊敬の念を持って接することができる。
・他者と協力して活動できる。

(6) 危機管理
・事故が発生したときのために，対応について周知しマニュアル化しておく。
・活動中の傷害保険，賠償責任保険に加入しておく。

横山（1996）は，動物介在介入を行う側からの分類として，「施設訪問型，施設飼育型，在宅訪問型，在宅飼育型，屋外活動型，他の治療の補助として」の6つをあげています。この中から3つについて，利点と課題，実施場所について追加し表2-1にまとめます。

以上から，動物介在介入を行う際には，人と動物の双方に良い影響があることが必要十分条件となってきます。ここでいう人は，介入を行う側と受ける側の両者のことを指します。動物が飼い主と楽しんで活動に参加し，飼い主も他の人に対して好意的で，かつ人と交流することが好きであればストレスなく参加できるでしょう。このように，どの立場からみても介入を行うことにメリットがあることが重要なのです。

2. 動物介在介入の例

海外や日本では，様々な動物介在介入が行われています。動物介在介入の多くは，各関連団体に飼い主とそのペットが所属して，研修やペットの適性評価を受けて，ボランティアとして参加する形をとっています。動物介在介入の実践を行っている約40年の歴史のある組織化された団体は，北米の「Pet Partners（旧Delta Society）」で，動物介在介入ボランティアの育成や介在させる動物の評価を行い，病院や高齢者施設，教育施設などにボランティアを派遣しています。日本においても，主にこのPet Partnersの方略を参考にして，大小様々な団体が動物介在介入を行っています。約30年の歴史のある組織化された団体として公益社団法人日本動物病院協会のCAPP（人と動物のふれあい活動）があげられます（コラム①参照）。ここを含め日本では，高齢者施設

▼表2-1　動物介在介入の介入する側からの3つのタイプ（横山, 1996をもとに作成, 一部追加）

(1) 施設訪問型：動物を連れて施設を訪れる。
〈利点〉
①一度に多くの人が動物とふれあうことができる。
②入所者や利用者，患者の状態がある程度似ているので，活動の目標が定めやすい。
③施設で飼育する労力がかからない。
〈課題〉
①施設，スタッフ，入所者や利用者，患者とその家族の同意を得る必要がある。
②施設によっては，免疫力が下がっている人もいるため，感染症が広がるリスクがある。
③動物アレルギーを持っている人がいる可能性がある。
④ふれあう時間が限られているため，短時間の効果しか望めない 。
◎場所：病院，高齢者施設，精神科病棟，心身障がい児者施設，教育施設

(2) 施設飼育型：施設の中で動物を飼育している。入所者のペットである場合，施設で飼育している場合がある。
〈利点〉
①一緒に暮らすことができる。毎日ふれあうことができ，世話に参加できる。
②一人で飼えない人も，他の人が世話をしている動物にふれあうことができる 。
③施設内で共通の話題ができる。
〈課題〉
①動物が嫌いな人も関わらざるをえない。
②世話の手間がかかる 。
③みんなが餌をやりすぎる，対応が統一できない等，世話の一貫性が難しい。
④その他
〈課題〉
(1) の〈課題〉①②③と同様
◎場所：高齢者施設，小児病院，精神科病棟，刑務所

(3) 屋外活動型：家庭や施設では飼えないような動物とふれあうために，治療者，ボランティアとクライエントが屋外で活動する。
〈利点〉
①身体を使った活動が多く，運動技能の改善が期待できる。
②屋外の自然環境なども参加者に利益を与える。
③普段ふれあうことのできない動物種にふれあうことができる
〈課題〉
①動物を飼育するのにコストがかかる。
②参加者が実施場所に集まるもしくは，動物を連れて行くのに移動の手間がかかる。
◎例：乗馬活動や療法。

や病院など，様々な施設に動物と訪れる施設訪問型が多いと考えられます。

また，他にも様々なユニークな動物介在介入が考案されているので，その中からいくつかを紹介します。

アメリカのニューヨーク州のグリーン・チムニーズ（Green Chimneys）では，

特別な教育支援が必要な子どもたちに，動物介在教育を行っていることで有名です（第3章，コラム③参照）。子どもが，動物に本の読み聞かせをするプログラムがあります。アメリカのインターマウンテン・セラピー・アニマルズ（Intermountain Therapy Animals: ITA）という団体が1999年に始めた，子どもの識字能力を改善することを目標にしているR.E.A.D.（Reading Education Assistance Dogs〈http://www.therapyanimals.org/R.E.A.D.html〉）というプログラムがあります。R.E.A.D.は，学校や図書館で，子どもの読みの能力やコミュニケーション能力を改善するために，公認のセラピーアニマルに本を読み聞かせるプログラムです。この団体は，セラピーアニマルと，その飼い主たちがボランティアで行っています（ITA）。聞き手が人の場合は，子どもが読みにつまずいたり間違ったりすると，「間違っている」「あっ」と思わず言ってしまいます。また言葉に出さないまでも，表情でそれを表してしまいます。しかし，聞き手が犬の場合は，批判しないで聞いてくれるので，読みが苦手な子どもは，安心して自信を持って，楽しく本を読み聞かせることができるのです。

また，更生や矯正教育，社会復帰を目的として，刑務所で犬を育てるプリズン・ドッグというプロジェクトがあります。

アメリカのプロジェクト・プーチ（Positive Opportunities Obvious Change with Hounds: Project POOCH〈http://www.pooch.org/about.php〉）は，青少年更正施設で，罪を犯した青少年がアニマルシェルターの保護犬と一緒に活動することで，責任感，忍耐力，思いやりを学ぶ機会を提供しています。具体的には，ドッグプログラムを希望し選ばれた青少年が，保護犬のトレーニングを行い，新しい飼い主に譲渡する活動を主に行っています。なんらかの事情で飼育放棄され，アニマルシェルターに保護された犬は，人に対して攻撃的だったり，人間不信であったり，コントロールが難しかったりと，様々な背景を持っており，更生している青少年も同じような特徴を持っています。青少年たちは，保護犬のトレーニングをしていくうちに，相互に愛着を築きます。この愛情の授受が動機となって根気強く犬のトレーニングを続け，それに付随して責任感，忍耐力，思いやり，自己コントロールが身についていくのです。そして，担当した犬を新しい飼い主に譲渡し，犬との別れを経験するのです。このプログラムは，再犯率の低下に寄与したそうです（Project POOCH，NHK BS「プリズン・ドッグ」取材班）。罪を犯した青少年と保護犬は出会い，愛着を形成し，その愛着対象を手放し喪失を経験します。この，愛情を受け取り，犬の幸せを考えて手放すという痛みを伴う経験から，多くを学ぶと考えられます。

同様の試みとして日本では，PFI 刑務所（民間資金等活用事業）の島根あさひ社会復帰促進センターと日本盲導犬協会が協力して，島根あさひ盲導犬パピープロジェクトを 2009 年から行っています。日本盲導犬協会によれば，「受刑者（訓練生）にパピーウォーカー（以下，PW）の役割を担ってもらい，①受刑者の再犯防止への貢献（盲導犬育成の社会貢献が，自己肯定感を高め，社会復帰の希望を見出す），②地域社会への貢献（刑務所と地域の共生・協働につながり，受刑者の社会復帰を支え，地域の活性化を促す），③盲導犬育成事業への貢献（PW 不足の解消，パピー時期に訓練士が関わり育て方の知見が得られる）の 3 つを使命とし，受刑者，地域，視覚障害者にとってメリットがあるプログラム」（日本盲導犬協会，2017）です。また吉川（2009）は「月曜日から金曜日は受刑者が飼育し，土曜，日曜日は近隣住民がウィークエンド・パピーウォーカーになってもらい，一緒にパピーを育てます。その中で受刑者とウィークエンド･パピーウォーカーを『パピー手帳（育児日記）』がつなぎます」と説明しています。

アメリカのミズーリ大学の「人と動物の相互作用研究所（Research Center for Human-Animal Interaction: ReCHAI〈http://rechai.missouri.edu/〉）」の動物介在介入について紹介しましょう。ここでは，人と動物の相互作用における健康効果について科学的に研究し推進することを目的としています。その名誉所長であるレベッカ・ジョンソン博士は，IAHAIO の前会長でした。

他にも人と動物の関係に関する研究を行っている大学所属の研究所はありますが，筆者が 2011 年の半年間，ミズーリ大学の ReCHAI で在外研究員として所属する機会を得て，そこで行われているプロジェクトやプログラムに参加し，ジョンソン博士とも共同研究を行っていたため，この研究所を紹介します。ReCHAI が行っている研究プロジェクトは，Walk a Hound, Lose a Pound（犬と散歩して健康的に減量する），Uniting Veterans with Service Dogs Pet Pals，Hand & Paw，地域プログラムは，PAWSitive Visits，Tiger Place，TigerPlace Pet Initiative（TiPPI）等があります〈http://rechai.missouri.edu/previous-research/〉。日本でも何度か紹介されているのがペットと暮らせる高齢者施設であるTiger Placeです（第4章とコラム④も参照）。ここで紹介するのは，Walk a Hound, Lose a Poundで，これは現在終了していますが，アニマルシェルター（ヒューメイン・ソサィエティ）に保護された保護犬を活用するプログラムで，人間と動物双方に多くの利益があることが明らかになったユニークなものです。詳細は以下に記載します。

このプログラムでは，事前登録した地域住民が参加します。参加者は，4週間セッションごとに10ドルを支払い，その料金はアニマルシェルターに寄付されます。そして，無料のTシャツ（前面にプログラムのグラフィックが描かれていて，後面にスポンサーのロゴが入っている）を着て参加します。場所は，アニマルシェルターの近くのトレイル（遊歩道:木陰がある砂利道）です。毎週土曜日の午前に3回実施されているので，その時間枠で自由に参加できます。参加者（成人）には研究データ収集のために調査に協力してもらいます。調査内容は，プログラム参加前後の健康状態や身体的活動パターン，犬の飼育経験等です。体重と身長，血圧をチェックし，体調に異常がある場合は参加を見送ります。

まず，スタッフが，安全のために，犬のハンドリング方法を参加者に伝授します。参加者は，犬のトリーツ（おやつ）と便用袋，緊急時の電話番号を書いたカードが入ったウエストポーチを持ちます。次に，スタッフ主導で参加者と筋肉ストレッチのための準備運動を行います。そして，その参加者の身体的能力に適合した保護犬を探します。保護犬は，基本的にアニマルシェルターのスタッフが散歩するのに順応性があり友好的な犬を選択します。参加者は，保護犬とともに遊歩道を散歩します。遊歩道上に設置された方向指示（0.25マイル，0.5マイル，0.75マイル，1マイル）に従って約1時間散歩します。参加者の中には，他の保護犬を連れて再度散歩に行く人もいます。

このプログラムの目的は，犬を動機づけとして身体活動を増進させることです。この研究の結果では，参加者の身体的活動が有意に増加した（Johnson & McKenney, 2010）ことが報告されています。また保護犬を活用することによって犬側にとっても利益があります。ジョンソンら（Johnson, McKenney &

McCune, 2010）は，同年齢の保護犬を，高齢者と散歩する実験群と散歩しないコントロール群に分け，実験前後の犬の行動評価を比較し，その後を追跡調査しました。その結果，実験群の犬は，コントロール群よりも有意にネガティブな行動が減少しました。そして，実験群の犬は，コントロール群よりも新しい飼い主に引き取られる率が高く，安楽死させられる率が低かったことが報告されています。以上から，保護犬は，プログラム参加者と散歩することによって，行動が改善され，引き取られる率が増加することが示唆されました。

以上述べたように，このプログラムは，動物介在介入における人側の利益だけではなく，動物側の利益にも焦点を当てたものなのです。動物介在における基本的な目的は，介在させる動物の福祉を遵守しながら，人の精神や身体の健康に良い影響を与えることです。しかし多くの場合，人側の利益は明確ですが，動物側は飼い主と一緒に活動するという利点以外は漠然としています。このプロジェクトでは，保護犬の引き取り率の増加や安楽死率の低下という介在動物側の利益が明確であり，それを研究で証明しています。

筆者が実際に参加して考えた本プログラムの利点は，以下の通りです。第１に，プロジェクトの目的にあるように，犬が動機づけとなり，参加者は楽しみながら健康状態が改善されていく点です。第２に，様々な参加者が犬を散歩し，それにより犬が人に慣れることができ，新しい飼い主が見つかりやすくなり，結果として，安楽死率が減少するという研究の通り（Johnson & McKenney, 2010），介在させていた保護犬が次々と新しい飼い主に引き取られていったという点です。第３に，参加した市民が保護犬と接することによって，アニマルシェルターに保護された動物のことを考える機会が生まれる点です。特に，親子で参加する場合，子どもたちが保護犬に接することによって安楽死のことを考える機会を得ることは，命について考える機会になり，動物介在教育にもつながると考えられます。最後に，参加者は保護犬の散歩ボランティアや，保護動物の安楽死軽減につながるというボランティア活動に参加できるという点です。本参加者には，自身の健康の増進に加えて，ボランティア活動を行うという能動的な利点があると考えられました（濱野，2012）。

これらの動物介在介入は，動物の力を活かしたプログラムです。ここで最も重要なのは，「人と動物の双方に良い影響がある」という視点を忘れてはなら

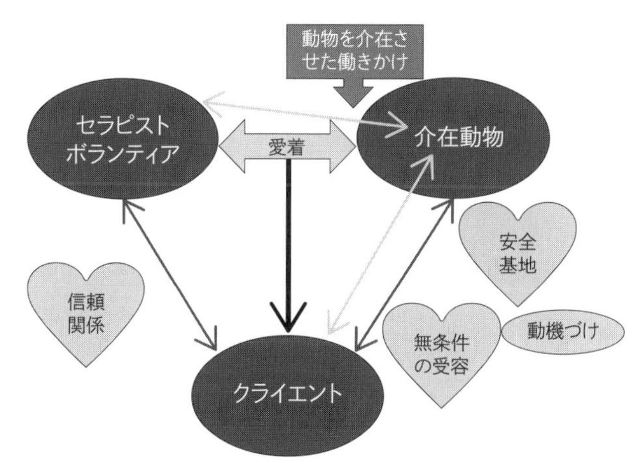

▲図 2-4　動物介在介入の効果

ないということでしょう。

ここまでで述べたように，動物介在介入は，介在している動物が介入を受けるクライエントに直接的に効果を及ぼします。また，介入を行うセラピストやボランティアがクライエントに直接良い影響を与えるでしょう。そして，介在動物から無条件の受容を与えられるでしょうし，介在動物は心の安全基地のような役割を果たすでしょう。また，セラピストやボランティアとクライエントとの信頼関係がクライエントに良い影響を与えるでしょう。さらに，セラピストやボランティアと，一緒に活動する介在動物との間に良好な愛着関係があることこそが，クライエントに良い影響を与えるのです（図 2-4）。

3節　人の暮らしをサポートする犬

1. 人のために働く犬

犬の卓越した嗅覚，探知，追跡などの能力，俊敏性，忠実性，勤勉性などの性格的特徴を活かし，トレーニングを積み重ねて，人のために働く犬がいます。その犬たちは使役犬と呼ばれています。障害を持った人の生活を補助する盲導犬，聴導犬，介助犬は，身近で遭遇したことがある人もいるでしょう。公的な使役犬は，警察犬，警備犬，麻薬探知犬，検疫探知犬，銃器探知犬・爆発物探知犬がいます。その他，災害救助犬，がん探知犬，セラピードッグ等がいます。彼らの活躍はテレビやインターネット等で目にすることもあるでしょう。

2002年に身体障害者補助犬法が施行されました。この法律の目的は，「良質な身体障害者補助犬の育成及びこれを使用する身体障害者の施設等の利用の円滑化を図り，持って身体障害者の自立及び社会参加の促進に寄与すること」（厚生労働省）とされています。この法律で定められている補助犬は，盲導犬，聴導犬，介助犬です。では，それぞれの補助犬についてみてみましょう（表2-2参照）。補助犬の使用者をユーザーと呼びます。

表2-2でまとめたように補助犬は，障害を持った人のニーズに合わせた暮らしのサポートを行っています。しかし，それだけではなく，ユーザーやその家族にとって，心理的，身体的，社会的な効果もあると考えられます（コラム②参照）。

2. パピーウォーカーボランティア経験が家族関係に与える影響

盲導犬は，視覚障がい者の歩行の補助をするだけではなく，人生をともに生きる大切なパートナーになっていると考えられます。また盲導犬は，私たちに障害のことを考える機会を与えてくれているともいえます。筆者が公益財団法人日本盲導犬協会の協力を得て，小学生の子どものいるパピーウォーカー（PW）の10家族を対象に，パピー（盲導犬候補子犬）育成中，訓練センター入所前，訓練センター入所後の3時点で縦断的に行った面接調査について紹介します（濱野，2009, 2010）。これは，PWのボランティア経験が，家族関係や家族システムに及ぼす心理的学的影響を明らかにすることを目的として調査を行いました。PWボランティア経験には，以下の3つの特徴があると考えられます。

①家族全員で「盲導犬の育成」のボランティアを経験する。
②家族は，パピーと出会い，愛情を育み，別れを経験する。
③盲導犬育成という社会貢献につながる。

まとめると，PWを行うことによって，家族全員で協力するボランティアを

▼表 2-2　補助犬について（厚生労働省，日本盲導犬協会資料をもとに作成）

Ⅰ（1）盲導犬

・国家公安委員会の指定を受けて盲導犬訓練施設で訓練され，盲導犬として認定された後，白色または黄色のハーネス（胴輪）をつけて使用者に同伴することが道路交通法により定められている。

・盲導犬と歩くには，「盲導犬使用者証」の携帯が必要

・視覚障がい者の歩行の補助を行う
（主な役割：路上の障害物を避ける，交差点や段差で止まる，目標物まで誘導する）

〈盲導犬の一生〉
誕生→パピーウォーカーと暮らす→盲導犬の訓練開始（基本訓練，誘導訓練）
→共同訓練→盲導犬→引退（10歳前後）　※何回かの適性テストを受ける。

（2）介助犬

・肢体不自由により日常生活に著しい支障がある身体障がい者のために以下を行う。
物の拾い上げ及び運搬
衣服の着脱の補助
体位の変更
起立及び歩行の際の支持
扉の開閉
スイッチの操作
緊急の場合における救助の要請
その他の肢体不自由を補う補助を行う
＊障害の身体部位や程度が異なるため，個々のユーザーの必要性に応じた補助の動作の訓練を行う。

（3）聴導犬

・聴覚障害により日常生活に著しい支障がある障がい者のために，ブザー音，電話の呼出音，ユーザーを呼ぶ声，危険を意味する音等を聞き分け，ユーザーに必要な情報を伝え，および必要に応じ音源への誘導を行う。

➡介助犬，聴導犬の訓練

・基本訓練，介助動作（聴導動作）訓練

・合同訓練
＊介助犬：約40日間以上，使用者の自宅や職場などで約10日間以上
＊聴導犬：約10日間以上，使用者の自宅や職場などで約5日間以上
⇒補助犬法で規定された訓練施設，さらに厚生労働大臣が指定した法人によって認定を受け，同様に補助犬法に規定された標識を身につけている。

Ⅱ　補助犬法で受け入れが義務づけられている施設

①国および地方公共団体ならびに独立行政法人，特殊法人，その他法令で定める公共法人が管理する施設
②公共交通機関
③飲食店，病院など不特定多数が利用する民間施設

経験し，愛着対象であるパピーとの別れを経験します。また，盲導犬育成のボランティアを行うことは社会貢献につながります。方法としては，小学生の子供がいる10組の家族の父親，母親，子どもに面接調査を行いました。面接では，「PWを始めて変化したこと，PWを始めてよかったこと，PWをやっていて困ったこと，PWを始めて子どもに影響したこと（父親と母親のみ）」について質問しました。面接結果の分析は，1つのエピソードに1つの意味を含むように区切り，初めに小さな下位グループを作り，それを発言数として算出しました。その後，同じ意味でグループ分けした後，カテゴリに分類し，その内容を示すカテゴリ名をつけました。内容によりグループ化した結果，「パピー飼育による影響」「パピー飼育の子どもへの影響」「飼育のたいへんさ」の3カテゴリに分類されました。各下位カテゴリを図2-5に示します。また，PW家族の語りについて，父親，母親，子どもの中で頻度の高いカテゴリをあげ，発言の割合を図2-6に示します。

以上の結果から，パピーと家族は快適な関係を築き，パピーがいることで家庭が明るくなったり，話題が増えたり，家族がまとまったということを家族全員が感じていました。また，子どものストレス軽減に役立つと，母親と子どもは感じていました。そして，父親は，パピーを通して視覚障がい者のことを考えるに至り，ボランティアを通して社会貢献をしているという語りが多くみられました。特に，父親と母親の「責任感」の語りが多く，また，それは子どもの発言にもみられ，将来の盲導犬を預かっているという責任感から，適切な飼育を行うために努力して，しつけや世話を行っていることがわかりました。一方，朝夕の散歩は，規則正しい生活リズムや心地よさ，健康を促進し，親子でゆっくりと話をする機会を与えていたことがわかりました。以上から，パピーの育成は，家族全員で協力して行うため，家族関係が凝集され，以前より親密になることが示唆されました。

多くの子どもが語っていたのは，パピーと過ごすことは楽しい・おもしろいといった「快適な関わり」でした。子どものほとんどが，パピーを自分より年下のきょうだいのような存在であると捉えていました。パピーは子どもの遊び相手となり，一人っ子や末っ子にとって，かわいがったり，世話をしたり，時には兄弟葛藤を引き起こしたり，子どもがリーダシップを発揮する機会を与え

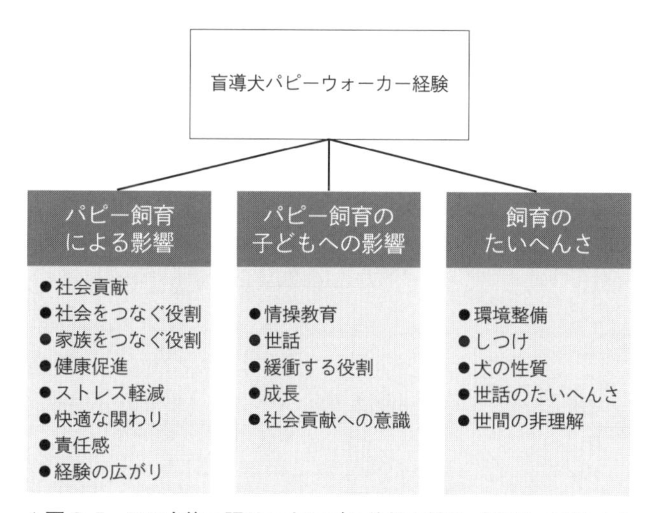

▲図 2-5　PW 家族の語りのカテゴリ分類の結果（濱野，2009 をもとに作成）

父親に多いカテゴリ	●「責任感」あずかりものなので，事故，怪我，病気に気を遣うという発言（11.4%） ●「社会貢献」視覚障がい者に意識が及び，ボランティアを行って社会貢献をしているという発言（9%） ●「快適な関わり」楽しい，おもしろいといったパピーとの快適な関わり（8.4%） ●「成長」子どもが PW を行うことで成長するという発言（7.8%） ●「家族をつなぐ役割」パピーのおかげで家庭が明るくなり，話題が増え，凝集性が高まるという発言（7.2%）
母親に多いカテゴリ	●「責任感」あずかりものなので，事故，怪我，病気に気を遣うという発言（12.6%） ●「家族をつなぐ役割」パピーのおかげで家庭が明るくなり，話題が増え，凝集性が高まるという発言（11.5%） ●「緩衝する役割」学校や塾などの集団生活でのストレスを軽減したり，家庭での喧嘩時の緩衝の役割になっているという発言（8.9%） ●「しつけ」最初の数か月のたいへんさや，トイレのしつけに困難をかかえたという発言（8.9%） ●「快適な関わり」楽しい，おもしろいといったパピーとの快適な関わり（6.8%）
子どもに多いカテゴリ	●「快適な関わり」楽しい，おもしろいといったパピーとの快適な関わり（37%） ●「ストレス軽減」パピーと一緒にいるといやされる，気分が落ち着くなどストレスが軽減されたという発言（13%） ●「家族をつなぐ役割」パピーのおかげで家庭が明るくなり，話題が増え，凝集性が高まるという発言（12.3%） ●「犬の性質」毛が抜ける，拾い食いといった犬の性質に対するたいへんさに関する発言（10.3%） ●「責任感」あずかりものなので，事故，怪我，病気に気を遣うという発言（6.2%）

▲図 2-6　父親，母親，子どもの中で頻度の高いカテゴリと定義（%）（濱野，2009 をもとに作成）

る対象であると考えられました。少子化が進み，きょうだい数が減少した現在において，家庭内で世話をしてあげたり，守ってあげたりする「養護する対象」の存在は，子どもの責任感や愛他性の発達にとって重要であると考えられます。

では，パピー育成中，訓練センター入所前，訓練センター入所後の面接データをもとに，具体的なエピソードを引用して，3つの時期に分けて考察します（図2-7）。

また，3つの時期の詳細について，以下にまとめます。

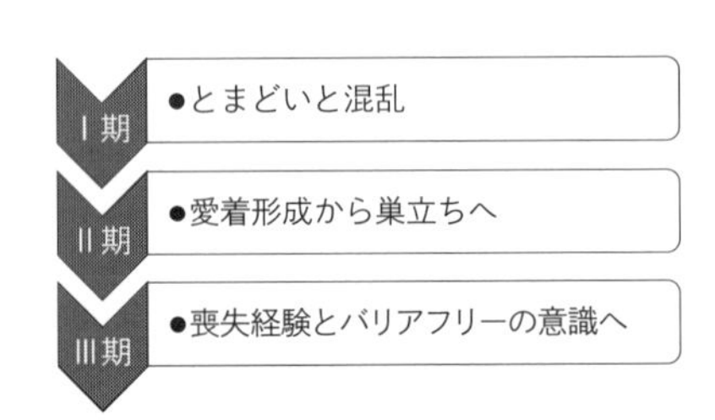

▲図 2-7　PW の家族とパピーの関係の変化

【PWボランティア家族への面接調査の考察】

●Ⅰ期　とまどいと混乱（パピー育成中）

「最初の1か月は，そこらじゅうにおしっこされて，もうたいへんでした（母）」「最初はたいへんでしたね。聞いていたよりもたいへんでした（父）」という語りからもわかるように，育成初期の特徴として，飼育にとまどい，家族が混乱している時期です。

●Ⅱ期　愛着形成から巣立ちへ（訓練センター入所前）

「家族のペースに合ってきて，お互いにタイミングが合うようになってきたというか。パピーはこちらが言っている意味もわかるようになってきたし（母）」「コミュニケーションをとれるようになりましたね。そうするとやっぱり，ぐっとかわいくなりますよね。気持ちが，ぐっと距離が縮まって（父）」という語りのように，家族の協力やパピーとの生活に慣れてきて，パピーも成長し学習することで，コミュニケーションが円滑になるとともに混乱は徐々に収まっていくと考えられました。また，「これからがあるし。ペットだったら怪我をしても治す時間の余裕があるけど，パピーはそうじゃなくて時間がないから気を使っている（子）」の語りのように，子どもたちは，パピーとの生活が楽しいだけではなく，盲導犬育成に関しての責任を徐々に実感していくことが示されました。

「右も左もわからない，トイレもわからない子にトイレを教えたりして，人間の赤ちゃんのおむつをとるのと同じですよね。ご飯を食べさせて運動させて，刺激も与えて，夜が来たから寝かせて。そして，だんだん成長していく。子育てと重なるところがある（母）」という語りのように，パピー育成は子育てに似ている経験と捉えていました。「やっぱり使命を持っているっていうか，ただいてくれればいい犬じゃないから，本当に自分の子どもが将来どうなるのかなっていう，子どもが大きくなったときのシミュレーションをしてくれた感じがする（母）」「子どもをいつまでも手元に置いておくというよりも，いつかは離れるというのがあるじゃないですか。そういう感じで見送ります（母）」のように，自分の子どもとのいつかくる別れと重ねて，その子別れの心の準備になると語っていました。

パピーが訓練所に入所し訓練を受けた後は，盲導犬になるか，盲導犬に適しない場合は啓発犬か家庭犬になることから，「盲導犬のユーザーさんと会って，盲導犬になってほしいという気持ちもより強くなったんですよ。だけど，かわいくてどんどん情が移ってきて，うちにいてほしいという気持ちもより強くなってる。両方強くなってるから，どっちつかずの気持ち（母）」という語りのように複雑に気持ちが入り混じっていたり，盲導犬ユーザーと接する機会を得て，「盲導犬になって，誰かの幸せを手助けする犬になってほしいなって思いました（母）」と，盲導犬への意識を強める家族もいました。別れに対する捉え方としては，「巣立っていくという，そんな感覚（父）」という語りのように，別れた後の関係やきずな，つながりを意識し，わが子を未来へ向けて背中を押して送り出すような感覚を持っている家族もいました。

また,「この子は, これから重たい責任を背負って生きていくというのもあるので。犬がかわいいとか，この子がかわいいと思うのとは種類が違いますよね。やっぱりペットと同じ感覚では見てないですよね(母)」「犬と人との間のような存在(父, 母)」のように，将来の仕事があるパピーはペットより人間に近い存在として捉えられていました。

●III期　喪失経験とバリアフリーの意識へ（訓練センター入所後）

訓練センター入所後の調査では，「寂しくてしょうがない（母）」「寂しい気持ちは結構ありますね(父)」という気持ちをほとんどの家族が持っていました。しかし，「盲導犬になった生活は，幸せで生きがいがあるだろうから，引退したら帰ってくればいいかな（父）」「ブリーディングではブリーダーさんにすごいかわいがってもらえるし, パピーはパピーウォーカー（PW）に, その後は盲導犬のユーザーさんに, 引退犬は引退犬ボランティアに, それぞれせいいっぱいかわいがってもらえる(母)」「犬に何かあったら駆けつけてくれる人が結構いっぱいいると思う（子）」と盲導犬の幸せな一生を考え，「ペットより家族に近い感じ。人間に近い。訓練してなれたら盲導犬になっていくという見える未来がある(子)」「盲導犬に向いているならなってほしいし，向いていないなら戻ってきてほしい（子)」「会いたい気持ちはあるけど,盲導犬になってほしいという気持ちもある。そのために生まれてきた犬だから。がんばれって言ってあげたい（子)」と，入所前には引き続きパピーを飼いたいという希望が強かった子どもたちも，PW の意義を考え，盲導犬になることを一番に希望して送り出していました。また，「盲導犬になって幸せに暮らしているのがわかったら，すごくうれしいかな（母)」と多くの PW が語っており，パピーの幸せを願う親のような気持ちを持っていたと考えられます。さらに，「ボランティアだし盲導犬になってくれたらうれしいし，そういうことだからまた PW をやりたい(子)」という語りのように，環境が整い，現在のパピーが戻ってこなければ，今後も PW をやりたいという希望を持っている家族が多く存在しました。そして，「子どもが，パピーを通して自然と意識しないで，障害のことを特別なことではなく身近なものとしている（母)」「いるときは世話でいっぱいだったけど。目の見えない人のことまで実は考えてなかったけど，そういう方のことを考えるようになった(母)」「障害のある方たちに関心が向くようになり,物の見方が変わった（母)」「PW をすることとか，もっと先にある，PW をやっていることが目の不自由な方につながっている，支えになる（父)」「盲導犬になると，目の見えない人の役に立って，その人が喜んでくれる（子)」のように，パピーが訓練センターに戻った後も，視覚障がい者のことを考え，障害を身近なものとして捉えるという意識が広がっていました。パピーの育成と別れの経験は，単なる動物飼育経験ではなく約 1 年のボランティア経験です。家族は楽しみながら，パピーとの関係から恩恵を受けながら育成していました。特に，子どもたちは，楽しんでパピーと暮らしていて，養護すべき年下のきょうだいのように接し，世話やしつけなど，たいへんながらも一生懸命に行っていました。初めは,子どもたちの多くはパピーを引き続き飼いたいと願っていましたが，視覚障がい者のため，訓練センターに戻った後，訓練をがんばって受けるパピーのために，大切な家族のような存在のパピーを送り出します。またパピーを送り出すことは子どもたちにとって，おそらく初めての親密な愛着対象の喪失経験であり，パピーとずっと暮らしたいという望みを抑えて他者のために耐える経験です。そして，子どもたちは家族に支えられながら，パピーの将来や視覚障がい者に思いを馳せ，喪失に向き合い自問自答を繰り返し，自ら立ち直っていきます。このような経験は，共感性や責任感，忍耐力等の心の発達に重要な影響を与えると考えられます。

パピーは将来盲導犬になる可能性があり，PW は社会貢献に関わる家族総出で行うボランティアです。盲導犬育成事業という目的で考えれば，人とともに生活をして愛情を受けて育ったパピーは，視覚障がい者のパートナーとして必要な人に対する愛着基盤を形成していきます。このことは，パピーが人と関係を築くときの重要な基礎となります。

家族で相談し，問題を解決しながら，パピーの育成事業に携わる経験を通じて，その先の視覚障がい者のことを意識しバリアフリーの社会を考え，家族が一致団結してパピーを育成し，愛着対象の喪失の悲しみをともに乗り越えるといった，家族で１つの目標に向かって団結し愛着や喪失の経験をすることが，家族関係や子どもの発達に影響を与えると考えられます。

視覚障害者が盲導犬と暮らすこと

視覚障害者が盲導犬と暮らすことは，①盲導犬を使って外出する，②家庭犬として飼育するという2つの側面があります。良い盲導犬とは，盲導犬としての作業がいつでもどこでも安定的にできる（Doing＝作業）ことであり，健康で手を伸ばせばいつもそこにいる最高の家庭犬である（Being＝存在そのもの）ことが求められます。

盲導犬を使って単独で外出することは，視覚障害者にとって大きな決断です。失明によって，自分では何もできなくなった，人の手を借りないと生きていけない，「厄介者になった」と思う人（自分の中から生じる苦しみ＝自己喪失の悲嘆）や，盲導犬と歩くことは自分が視覚障害者であることを「開示」し，社会の目にさらされる痛みを感じる人（他者から負わせられる苦しみ＝社会性喪失）もいます。この2つの苦しみを盲導犬の力によって受容していく過程です。

盲導犬は目的地を指示すればそこへ誘導してくれるわけではありません。①「角」に止まって（位置情報）を教える，②放置自転車など「障害物」にぶつからないように回避する，③階段から落ちない・つまずかないよう「段差」5㎝以内で止まるなど，盲導犬からの3つの歩行情報を視覚障害者は読み取って歩きます。

盲導犬歩行指導員は盲導犬の使い方を教えるだけでなく情報の集め方，判断の仕方を教えます。大切な訓練科目の1つは「援助依頼」で，聞く勇気と尋ね方を学びます。そこに社会との相互作用が生まれます。

盲導犬は家の中では「お仕事」をしません。まさにペット，家庭犬です。盲導犬の世話は視覚障害者本人がします。毎日の食事，排泄，グルーミングに散歩，月1回のシャンプー，病気の時に獣医に連れていくのも本人です。犬を飼った経験のない人，犬嫌いでも盲導犬ユーザーになった人は多くいます。盲導犬から頼られる存在になることは大切です。

両者は大げさにいえば，外を歩くときは「盲導犬に命をあずける」，家では「盲導犬の命を預かる」関係にあります。家族に負担をかける自分ではなく，犬から頼られる，必要とされる存在になります。

(1)「盲導犬と歩く：ユーザーは語る」（日本盲導犬協会50周年記念誌より）

1．白杖歩行では常に孤独感を感じ緊張しまくり，目的地に着くとどっと疲れが出た。盲導犬歩行では孤独感をまったく感じなくなった。……障害物や人にぶつかる恐怖・ストレス・孤独感からの<u>解放感</u>

2．盲導犬と歩けば花の香りに鳥のさえずり，久しく忘れていた自然の静寂。速

足を緩めて味わう……風を切って歩く爽快感

3．スーパーや銀行，市役所，カフェ，福祉センターなど行ける場所は 20 か所，誰にも頼らずトイレに行った。転落の恐怖しか感じなかった駅のホームをスイスイと歩けたのには大感激……１人でできた達成感

4．ヘルパーさんだといつも一緒は難しいが，盲導犬は好きな時に，行きたいところに自分の意思で行くことができる……自在感

5．人と出会う機会が格段に増加，白杖歩行の頃にはとても考えられない。「目は見えないけれど第２の人生もまんざら悪くない」。商店街でふらりとラーメン店や喫茶店に立ち寄る，盲導犬のおかげでいろんな人から声をかけられる，そんな些細なことが楽しみで，うれしくて……充足感

6．ふと感じる盲導犬のぬくもり，いてくれるだけでいい，おかげで意欲と希望がわく。初めての一人旅で迷子になり不安に押しつぶされそうでしたが，盲導犬といると迷子さえも楽しんでいた……いつも傍らにいる安心感

7．目が悪いことを認めたくなかった私が，視覚障害者であることを受け入れ，社会との壁を作り「ありがとう」さえ言えなかった私が素直にお礼を言えるようになっていました……盲導犬の優しさにふれて共感力，笑顔を回復

8．妻が伴侶なら盲導犬も伴侶，言葉はなくてもしぐさで伝わる心と心……喜怒哀楽を分かち合い，気持ちに余裕

9．一緒に暮らし始めて５か月目に急性胃腸炎で入院，私にユーザーの資格はないのではと泣きながら電話をしました……盲導犬の飼育への責任感

10．体重 90kg，糖尿病，食事制限。盲導犬と歩くようになって 20kg近く減量し，インスリン注射もなくなり体調も良い……犬との規則正しい生活，散歩を続けることで背筋が伸び健康状態が良くなり体力向上感

(2) 自己肯定感が向上し，盲導犬と新たな人生を生き直す

視覚障害者が盲導犬と暮らすようになると，生活は大きく変化し，「こころ」に大きな影響を及ぼします。こうした影響は，まず Doing の意義が先に感じられ，後に Being の意義がしみてきます。盲導犬育成事業者は，まず盲導犬が生きた歩行補助具としての機能を果たす過程で，盲導犬が存在することの意義があると思っています。胸を張って歩き出したユーザーは新たな目標を見つけ，どんどん歩き出します。自己肯定感，自立心，自尊感情の向上を強く感じます。

目が見えていた自分は死に，新たに生まれた目の見えない自分が盲導犬をパートナーとして人生を生き直す。それが視覚障害者が盲導犬と暮らすということです。

第3章

子どもの育ちに ペットが与える影響

1節　子どもとペットの関係

1. ライフサイクルとペット

人とペットとの関係について考える際，関わる人間の側の発達や成長は重要な要素となります。そのような観点からも，ペットに関わる人が理解しておくべきことについてまとめたいと思います。

発達や成長というと子ども時代をイメージするかと思いますが，子どものことばかりではありません。大人になっても高齢者になっても人は生涯にわたって発達していきます。加齢により，身体や記憶の衰えを感じる人もいるでしょう。しかし，経験を積み重ねることによる智慧は高齢者になってますます熟し鍛えられていくと考えられています。母親の胎内に生命が誕生したときから，家族を中心とした環境の影響を受け，また反対に環境に影響を与え，人生が始まったときから，死ぬまで人は発達を続けます。

このような生涯発達の視点から，心理学者のエリクソン（Erikson, E. H.）は個人がどのように発達していくかについてのライフサイクル論を提唱しました。人生を8段階に区分し，各段階に乗り越えなければならない心理・社会的発達課題を提示しました（図3-1）。

各発達段階で課題を達成できないと，心理的危機状態に陥るといわれています。乳児期の課題は，養育者との関係を中心に，基本的信頼感を獲得する時期です。獲得できないと基本的不信感という状態に陥ります。幼児期初期では，他者と比較の視点を持つことができ，問題にぶつかり解決方略を見出しながら，

高齢期	Ⅷ								統合 対 絶望・嫌悪 英知
成人期 (中年期)	Ⅶ							ジェネラティビティ 対 停滞 ケア	
成人前期	Ⅵ						親密性 対 孤立 愛		
青年期	Ⅴ					アイデンティティ 対 アイデンティティ混乱 忠誠			
学童期	Ⅳ				勤勉性 対 劣等感 適格				
遊戯期	Ⅲ			自主性 対 罪悪感 目的					
幼児期初期	Ⅱ		自律性 対 恥・疑惑 意志						
乳児期	Ⅰ	基本的信頼 対 基本的不信 希望							

▲図 3-1　エリクソンの心理・社会的発達課題（Erikson & Erikson, 1997 邦訳文献を一部改変）

自分のことは自分でできるようになる自律性を獲得する時期です。獲得できないと恥・疑惑という状態に陥ります。遊戯期では，言語と移動手段を獲得していくことで世界を広げ，楽しみながら積極的にはたらきかけていく自主性を身につけます。失敗すると罪悪感を持ってしまいます。学童期では，友人関係から対人関係をうまく築くスキルや勉学に励み知的なスキルを身につけ，現実の社会における達成に満足を得る時期です。獲得できなければ，劣等感を持ちます。ただし，健全な劣等感はできないことを克服する動機にもなります。青年期の課題は，自我同一性（アイデンティティ）の獲得です。過去と現在と未来がつながり，確固たる自分が自分であるという確信を得ることです。獲得に失敗すると自我同一性が拡散してしまい，不安定で混乱した状態になります。成人前期では，自身の個を大切にしながら，特定のパートナーと親密な関係を築く時期です。失敗すると孤立します。成人期では，自分への関心の枠を超えて，次の世代を育成することに関心，喜びを見出す時期です。これをジェネラティビティといいます。次の世代は，自身の子どもの場合も，後進を育てる場合もあるでしょう。拡大すると，社会に貢献する，最適な地球環境を次世代に残すということも入るでしょうか。高齢期では，加齢に伴う喪失をしなやかに受け止めるために，経験を重ねて結晶化されていく智慧を獲得することが課題となります。これまでの人生を唯一無二の自身の人生として，いかなる選択も現在の状況も，誇りを持ち，肯定的に捉えて統合していきます。これに失敗すると絶望に陥ります。

各発達段階でペットとの関係や役割も異なってくると考えられます。子ども時代のペットは兄弟や姉妹，親友のような存在でしょう。一方で成人の場合は，子どものような存在と捉えている人が多いようです。高齢者にとっては，子どもや孫のような存在，反対に自分を守ってくれる頼もしい存在と捉えている人もいます。

では，子どもの発達に伴う動物との関係からみていきましょう。幼児期前期（1～3歳頃まで）は，歩くことができるようになり，言葉が話せるようになります。他の人との関係は，親や家族との関係から始まり，友達関係へと世界を広げていきます。表現も豊かになり，自己主張も始まります。しかし，言葉が未発達なので，自分の感じたことや考えをうまく伝えることができません。このような時期には，子どもと動物が接するときには，必ず大人が見守ることが必要でしょう。

幼児期後期（3歳～小学校入学頃まで）は，基本的生活習慣が自律して自分のことは自分でできるようになってきます。複雑な言葉を理解でき，話すことが上手になってきたり，感情のコントロールもできるようになります。また，4～5歳頃にかけて，他者の気持ちや意図に対する理解の芽生えがみられます。この時期も子どもが動物とふれあうときは大人の目が必要でしょう。また，子どもの発達に応じた動物のお世話への参加も促してもよい時期です。

小学校に入る時期は，自分の視点から事物を捉えることが中心で，他者の視点からの見え方，捉え方がまだ十分に理解できません。十分な他者視点能力を獲得するのは10歳以降であるといわれています。このような時期には，動物飼育に関わることで，動物の立場に立って推測する機会となり，他者の立場の推測へ応用できる経験となる可能性があります。さらに，頭の中のイメージを操作し言語を用いることで抽象的な思考をするようになっていきます。

いまや日本人の平均寿命は，女性が87.26歳，男性が81.09歳（厚生労働省，2017）になり，世界第2位の長寿国となっています。

国土交通省が作成した年代別の平均的なライフサイクルをみてみると，子どもが巣立った後，65 歳で仕事をリタイアした後の老後の時期が延び，女性でいえば，単身で暮らす時期が延びています（図 3-2）。この単身世帯でのペットとの暮らしが，高齢者の心身の健康にとって重要となってくるでしょう（詳しくは第 4 章参照）。いずれにせよ，寿命が延びることによって，ライフサイクルやライフプランが変化してきたと考えられるでしょう。

一方，犬や猫のライフサイクルをみてみましょう。ペットは子どものような存在であるけれども明らかに人間よりも速く年をとります。新生仔期から始まり，移行期，社会化期，若年期，さらに成犬（猫）期，高齢期があります（図 3-3）。

このように，ペットは人よりも速い速度で年をとっていきますから，発達ステージに応じた養育や介護も必要になってくることを念頭に入れた方がよいかもしれません。現在，犬の平均寿命は 14.29 歳，猫の平均寿命は 15.32 歳ですから長い人生をともにすることになります。

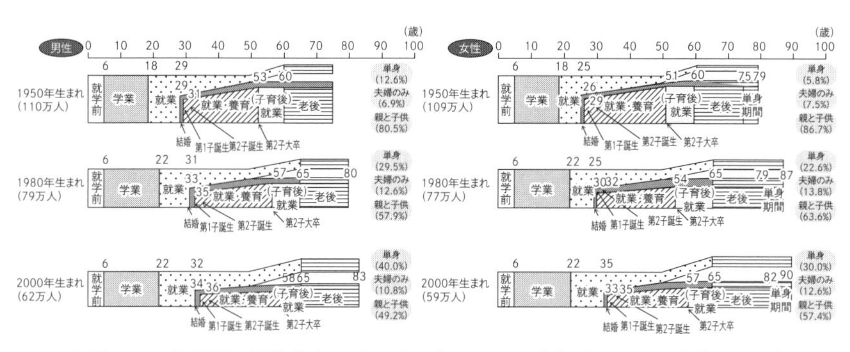

▲図 3-2　年代別の平均的なライフサイクルとその分化（国土交通白書，2013）

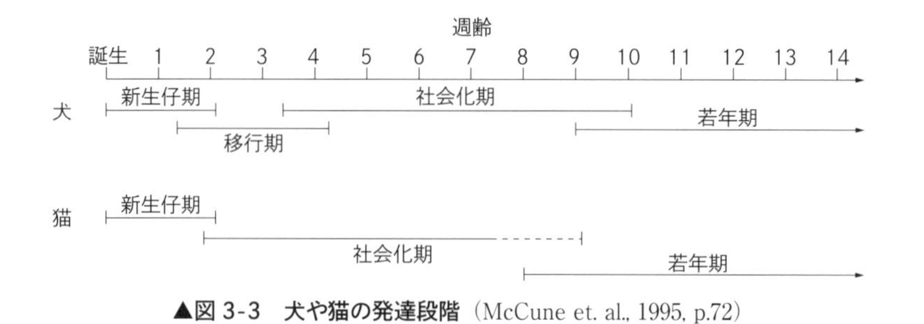

▲図 3-3　犬や猫の発達段階（McCune et. al., 1995, p.72）

家庭に子どもが生まれた際，生まれたときからペットが居る場合を除いて，子どもの成長途上で犬や猫などのペットを飼うことを希望する時期は，子ども自身が身の周りのことができるようになる小学校に入った頃が多いようです。そうすると，ペットが18歳まで生きた場合，子どもは24～25歳です。その間，入学や卒業，受験，就職など，様々なライフイベントをともに暮らす家族となるでしょう。

2. 子どもとペットの愛着

子どもはどのような動物とふれあう機会があるのでしょうか。家庭で飼育されるペットをはじめ，幼稚園，保育所，認定こども園，小学校，中学校などで飼育している動物（以下，学校飼育動物），動物園や水族館，生活環境にいる動物などがあげられます。特に，子どもと親しい関係を持つ動物は，ペットや学校飼育動物でしょう。

子どものペットへの愛着にはどのようなものがあるでしょうか。筆者は，小学4～6年生を対象に，「子どもとコンパニオンアニマル（ペット）（犬）の愛着尺度」（濱野，2015）を作成しました。その結果，ペットへの愛着には，「心理的サポート機能」「肯定的な関わり」の2つの因子があることがわかりました（図3-4）。子どもにとってペットは，心理的に支えられ受け入れられる心の安全基地のような役割があると考えられます。

また，小学校低学年でも簡易に使用できるように，子どもとペットの関係を絵画の吹き出しに記入することで測定できる「コンパニオンアニマル（犬）愛着絵画投影法（The Picture projective technique of Attachment to Companion Animal: PACA）」（Hamano, 2010）を開発しました。その中の1つの絵画を図3-5に記載します。

分類方法は，人と犬のやりとりの内容を相互作用の性質で分類します。具体的には，吹き出しの内容について相互作用の性質に従って，「ポジティブ」「ニュートラル」「ネガティブ」「食い違い」のやりとりに分類し，さらに，「相互作用あり」と「相互作用なし」に分類します（表3-1）。

相互作用がある方が，ないよりもペットとの愛着が強い傾向があることがわかりました。さらに研究を積み重ねる必要がありますが，子どもとペットの愛

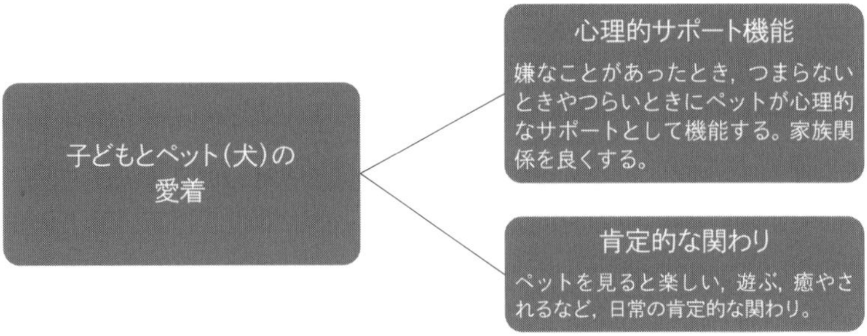

子どもとペット(犬)の愛着

心理的サポート機能

嫌なことがあったとき，つまらないときやつらいときにペットが心理的なサポートとして機能する。家族関係を良くする。

肯定的な関わり

ペットを見ると楽しい，遊ぶ，癒やされるなど，日常の肯定的な関わり。

▲図 3-4　子どもとペット（犬）の愛着

〈教示〉
下の絵はあなたとあなたのペット(犬)のやりとりを書いています。
もしあなたの犬が話せるとしたら，あなたと犬はどんなことを話しますか。
あなたが思いつくままに，じゆうに「ふきだし」のなかに書いてください。

▲図 3-5　コンパニオンアニマル（犬）愛着絵画投影法
（Hamano, 2010）

▼表 3-1　PACA の相互作用の有無による分類

上位分類	下位分類	内容
相互作用あり	ポジティブなやりとり ニュートラルなやりとり	応答・欲求充足 あいさつ・といかけ
相互作用なし	ネガティブなやりとり 食い違い	争い・拒否・不満・高圧的 食い違い

着の１つの指標になると考えられます。

3. 学校飼育動物（幼稚園・保育所・認定こども園・小学校・中学校）

ペットは子ども成長に良い影響を与えるといわれているものの，住宅事情などから，すべての家庭でペットを飼育することは難しいのが現状です。その点，学校で飼育されている動物の場合は，多くの子どもが関わることができます。

小学校の道徳の学習指導要領における各学年の「主として自然や崇高なものとのかかわりに関すること」の項目で，生命尊重教育や動物飼育に関連すると考えられるものについて以下に記します。「1，2 学年では，身近な自然に親しみ，動植物に優しい心で接する。生きることを喜び，生命を大切にする心を持つ等，3，４学年では，自然のすばらしさや不思議さに感動し，自然や動植物を大切にする，生命の尊さを感じ取り，生命あるものを大切にする等，5，６学年では，自然の偉大さを知り，自然環境を大切にする。生命がかけがえのないものであることを知り，自他の生命を尊重する等」（文部科学省，2009）。

以上のように，子どもの発達に応じて生命尊重への態度を育成するように指導されています。また，多くの保育所や幼稚園，認定こども園でも動物が飼育されています。

一方で，多くの学校飼育動物が，飼育の知識や時間の不十分さから，適正に飼育されているとは言いがたい現状があります。また，飼育係を担当した一部の子どものみが関わり，その他の子どもはほとんど関わっていなかったりします。さらに，長期休暇の世話や動物の病気や死に対する対応など苦慮している問題も多くみられます。文部科学省（2006）も，「学校における動物飼育については，豊かな人間性の育成に資する一方，不適切な飼育が行われた場合，教育的な観点および動物愛護の観点の両者からの問題が生じる可能性があります」と警告しています。

そのような課題の対処の方法の１つとして，公益社団法人日本獣医師会では，学校動物に対して無料動物診療，動物愛護の視点から適正飼育を指導するための「動物ふれあい教室」などのサポートを行っています。また，適正な飼育方法を子どもたちにわかりやすく伝えるために，「がっこう動物新聞」を作成して小学校に配布しています。

子どもの安全と動物愛護に留意して適切に飼育している動物から子どもたちは多くの肯定的な影響を受けるので，適正飼育を推進することは，動物飼育経験が子どもの心の発達に寄与するための必要十分条件であると考えられます。

幼児教育現場において，藤崎（2004）は，幼児が園内のウサギとどのように関わっているかを調べるため，動物飼育活動に関し，ビデオカメラによる行動観察とウサギの心の理解について，幼児を対象に面接調査を行いました。その結果，多くの子どもたちが，ウサギの感情や欲求などの心的機能を認めており，子どもの加齢とともに，ウサギに対する擬人化が減っていったと報告しています。また筆者ら（濱野・関根，2005）は，都内のウサギ2匹を飼育している保育所で，3～5歳児を対象とした面接調査を行いました。その結果，59人中55人がウサギを好きと答えており，その理由として，一番多かったのは，「かわいいから」「好きだから」というものでした。次に多かったのは，「顔が好き」「早く走るから」「ふわふわしているから」「白いというウサギの身体的，行動的特徴」をあげていました。ウサギと一緒にする遊びとしては，「かけっこ」「鬼ごっこ」「かくれんぼ」などがあげられていました。これらの研究結果からもわかるように，幼児は，日常のふれあいや世話を通してウサギへの愛情を築いていました。

2節　ペットが子どもの発達に与える影響

1．動物飼育が子どもの発達に与える影響

子どもは周囲の環境の影響を受けて育ちます。ここでいう環境とは，子どもの成育環境のことで，家族，友人関係，家族を通した関係，学校や地域，さらには社会や文化など，同心円状に広がっており，どの環境からも影響を受けます。反対にどの環境にも影響を与え，相互作用的に関係するのです。エンデンバーグら（Endenburg & Baarda, 1995）は，子どもの発達（社会，情緒，認知的な発達）や，間接的な発達（親，夫婦や家族の関係，社会的ネットワーク）にペット飼育の効果があると言及しています（図3-6）。

その他にもペット飼育が子どもの発達に良い影響を与えるという研究結果や事例報告が数多くあります。レビンソン（Levinson, 1978）は，ペットを育て

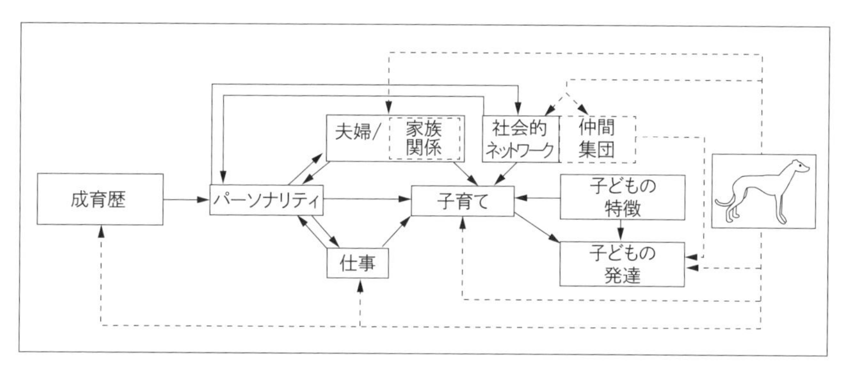

▲図 3-6　子どもの発達の決定要因とペットが与える可能性のある影響のプロセスモデル
(Endenburg & Baarda, 1995 をもとに作成)

ることは，子どもの共感性・自己効力感・自己統制・自律性の発達を促進するとしています。また，ブリッケル（Brickel, 1982）は，ペットは子どもに情緒的サポートを与えるとしています。ベックら（Beck & Katcher, 1984）は，子どもたちは，どんなときでもペットに愛され，受容され，好意を向けられるとしています。塗師（2002）の小学生を対象とした調査では，動物好きの子どもの方が共感性の高い傾向があり，男子ではペットの飼育経験のある方が共感性の高いことが見出されました。また，藤崎（2004）は，「幼児と幼稚園飼育動物であるウサギとの関わりは，人間を含む生命というものに対する子どもたちの豊かな共感性の発達に寄与するだろうことは大いに考えられる」としています。以上から，動物を飼育することは直接的に子どもに良い影響を与える場合と，子どもが育つこれらの環境に良い影響を与え，結果として間接的に良い影響を与える場合があると考えられます。

ただ動物を家庭や教育施設で飼育しているだけで，子どもの育ちに良い影響があるのでしょうか。そうではありません。単に動物を飼っているだけでは効果はなく，子どもと動物が愛着を築いていることが重要なのです。愛情を注いでいる動物だからこそ，その動物の立場になって考え，相手の気持ちと欲求を推測しようとし，一生懸命お世話をして，飼育を途中でやめないのです。そのような過程から，達成感を得て，さらに，思いやり，出来事や他者に対する寛容な心を育むことに役立つのでしょう。また，動物は秘密や悩みを打ち明けることのできる相手となります。打ち明けたことには，批判も否定もせずすべてをそのまま受け入れてくれ，もちろん一切他者に言いふらしたりはしません。カウンセラーのお手本のような存在です。そして，抱っこしたり撫でたりするスキンシップの心地よさや安心感も与えてくれます。“ことば”にならない思いは誰しも抱えていることでしょう。特に，子どもは言語の発達が途上ですから，自分の思いや考えを言葉にするのが難しいときがあります。そのような気持ちを傍(かたわ)らに寄り添い受け入れてくれるのです。子どもは，動物との愛情と優しさに満ちたやりとりから，無条件に受け入れられていると感じるでしょう。この「無条件の受容」は動物のすばらしい力の1つです。動物は，子どもがどのような状態でも，たとえ悪い行いをしたとしても，無条件に受け入れてくれます。このような批判しない態度が子どもに安心感を与えるのでしょう。安心できる心のよりどころがあれば，子どもたちは，何かに挑戦したり，がんばり続けたりすることができるのです。その一端をコンパニオンアニマルが担うことができるでしょう。これらの過程をふまえ，子どもの自尊心，忍耐力，共感性，役割取得の能力，観察力，責任感，生命尊重の心を養うことにつながるのです（図3-7）。

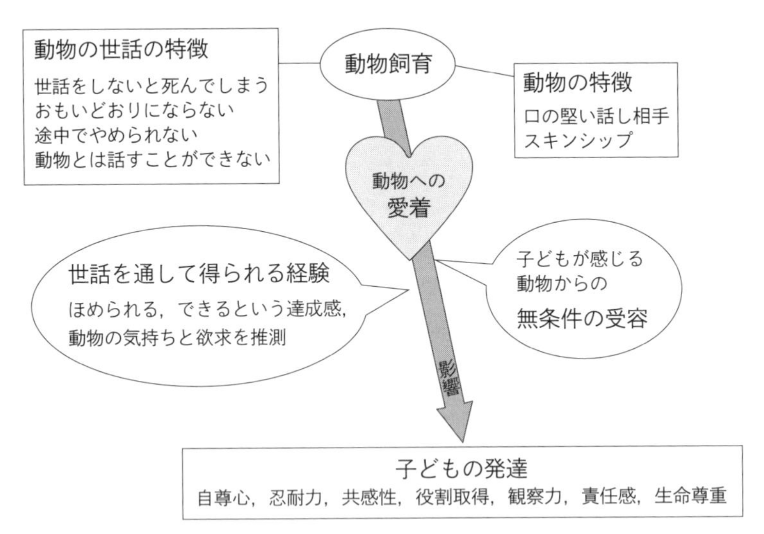

▲**図3-7　動物飼育経験による子どもの発達への影響**（濱野，2009，p.176）

では，子どもはどの時期にペットの飼育を始めるのがよいのでしょうか。子どもに生活習慣が身につき，自身で身の周りのことができる時期がよいでしょう。一方，情操教育という面から考えると，幼少期や小学生低学年の頃からがよいと考えられます。なぜなら，子どもの成長が活発な時期に人以外の生き物にふれあうことが重要な経験になるからです。

家庭にペットがいない場合でも，多くの保育所や幼稚園で動物が飼育されており，小学校の生活科では，動物を飼うこと自体が学習内容になっているので，子どもたちは動物に接する機会が得られます。ペットは，家庭の中で飼育するので，子どもと多くの時間を一緒に過ごし，1対1の親密な関係を結びやすいという特徴があります。それに対して，園内や学校飼育動物は，集団の教育現場で飼育するので，接する時間は短く，みんなのものという意味合いが強くなります。その場合は，個々の子どもと動物との関係づくりを意識して飼育することで，子どもと動物に愛情が育まれ，動物飼育が子どもの発達に良い影響を与える基盤となるでしょう。

筆者が行った幼児を対象とした園内飼育動物のウサギ（RとM）の面接調査を紹介しましょう（濱野・関根，2005）。幼児とウサギの普段の関わりをみているクラス担任に，各幼児のウサギに対する親密性について「あてはまる」「ややあてはまる」「どちらともいえない」「あまりあてはまらない」「あてはまらない」の5件法で評定してもらいました（表3-2）。

特にウサギへの親密性の合計点が高い3人の幼児の発言例を図3-8にあげます。

▼表3-2　ウサギへの親密性の質問項目

質問番号	質問内容
1	ウサギの世話をよくしている
2	ウサギの所によく行く
3	ウサギとよく遊ぶ
4	ウサギに親しんでいる
5	ウサギをよく触っている

3人は，ウサギの状態をよく観察し，特にBくんは2匹のウサギの特性の違いについて話していました。Cくんは，体調を気遣い，ウサギが死んだら戻ってこないことも理解しており，悲しい気持ち，死んだ後のことも気遣っていました。これらのように園内で飼育している動物と親密な関わりをしている幼児は，ウサギをよく観察し，ウサギの体調への気遣いがみられる等，観察力や共感性，養護性にも影響を与えていることがわかりました。

「人に対する共感を育てるのは，ペットを飼うこと自体ではなく，子どもが

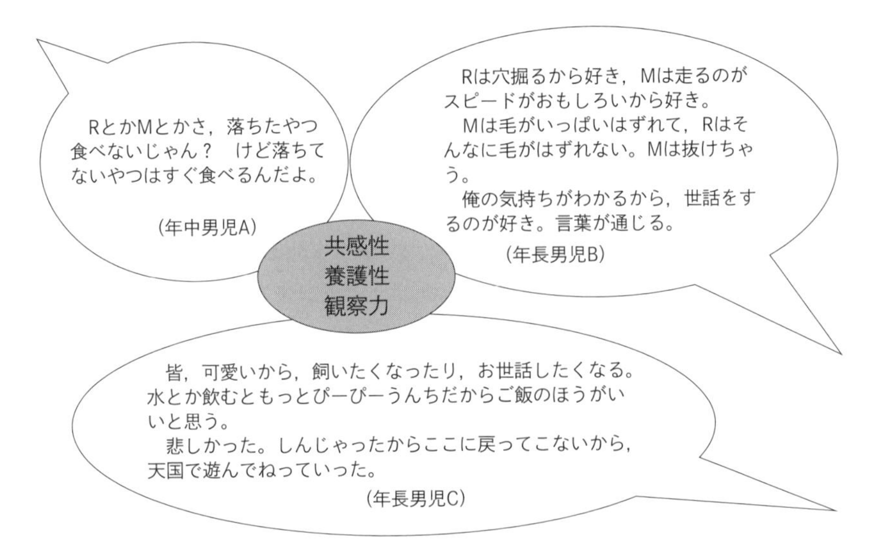

▲図 3-8　園内飼育動物（ウサギ：R と M）との関わりに関する幼児の発言例

ペットに対して感じるきずなである（Poresky et al., 1990）」というように，子どもの発達にペット飼育が有効にはたらくためには，子どもとペットの愛着が重要であると考えられます。

2. 特別な愛着対象の重要性

多くの家庭でペットが飼育されています。動物の愛護および管理に関する法律にある愛護動物の対象は，哺乳類，鳥類および爬虫類とされていますが，他にも金魚やメダカなどの魚類や，昆虫類などがペットとして飼育されています。子どもが幼少のときは，昆虫類や魚類を飼うことが多いようですが，小学生になるとハムスターやウサギ，さらに犬や猫のペットを飼育するようになっていきます。獣医学的観点から，人獣共通感染症の保有や行動がいまだ不明確な野生動物はペットとして飼育しない方がよいですし，法律で輸入が禁止されている動物や，保全のために捕獲が禁止されている動物は家庭で飼育できません。

心理学的観点からいえば，愛着対象である家庭動物は，種類にかかわらず，ペットと呼ぶことができるでしょう。愛着とは，特定の対象との間に築く情緒的なきずなのことです。では，子どもは虫にも愛着を持つのでしょうか。カブトムシを飼っている２人の男の子の例を紹介しましょう。

【事例１】
ある５歳の男の子が，カブトムシを５匹飼っていました。そのうち，２匹には名前があり，ツヤちゃんとネムちゃんといいました。それ以外の３匹には名前はありません。その子は，この２匹をとてもかわいがっているそうです。「なぜ，ツヤちゃんなの」と聞いたところ，「体がツヤツヤしていてきれいだから」と答えてくれました。「なぜ，ネムちゃんなの」と聞くと，「眠ってばかりいるからだよ」と答えてくれました。

【事例２】
ある４歳の男の子は，カブトムシを飼っていました。名前はつけてなかったそうです。お母さんからみて，とてもかわいがっているようにみえたそうです。ところが，そのカブトムシが死んだときに，その子は平然とカブトムシを捨てたそうです。かわいがっていた対象を平気で捨てる行為に，お母さんは驚き，その子の将来が心配になったそうです。しかし，まだ４歳なので様子をみることにしました。その子が６歳になったときに，再びカブトムシを飼育することになりました。そのカブトムシには名前をつけてかわいがっていました。死んだときには，自分を責めて，泣いて悲しんだそうです。

【事例１】の場合，私たち大人からみれば，５匹のカブトムシはほぼ同じ形であり同じように眠っているようにみえることが多く，特別な違いはないように思えます。しかし，男の子は，かわいがっているカブトムシをその他と区別し，容貌や性格を個別化していたのです。その子どもにとっては，愛情を持って飼育しているカブトムシは特別な存在であり，名前をつけることによって，個別化され特別な自分のカブトムシとなり，愛着が育っていくと考えられます（濱野，2009）。大人たちは，子どもが，家庭内でカブトムシやクワガタなどの昆虫類や，金魚やメダカなどの魚類を愛着対象として名前をつけて飼育している場合は，たかが虫や魚と考えずに，子どもとの関係性を尊重する必要があります。

また，【事例２】をみてみると，同じ子どもでも年齢によって死に直面したときの態度が違っています。愛着の強さが要因とも考えられますが，この場合は，死の概念の獲得や，認知機能などの発達が要因と考えられますので，年齢や発達を考慮する必要があるでしょう。

3. 子どものペット飼育の支援

家庭でペットと暮らすためには，終生飼養や適正飼育ということを忘れてはならないでしょう。大人はもちろんそうですが，子どもにもそういった心構えがあることが重要となってきます。ペットと暮らす前に，「そのペットが死ぬまで，その幸せを考えて飼ってあげることができるかどうか」という終生飼養に関することを子どもと一緒に話し合いましょう。具体例としては，「ただ水やエサをあげるだけじゃなくて，愛情を与えて，そのペットのためになることを考えて, お世話ができるかな」「一生, 大切に飼ってあげることができるかな」「もし，飼えなくなって捨てたり，逃がしたら，そのペットは生きてはいけないんだよ。ペットを飼うってことは，途中でやめることはできないんだよ」などです。

また,「そのペットに適したお世話が必要だよ」という適正飼養に関することも伝える必要があります。具体例としては,「種類や品種，年齢，性別，健康状態によってお世話の仕方を変えなければいけないよ」「毎日見守って様子を観察しよう。エサの食べ方はどうかな。おしっこやウンチの様子はどうかな。何か変わったことがあったり, 体調が悪そうだったりしたら, 家族に相談して, 病院に連れて行ってあげようね」「温度管理や飼育場所の広さを考えなければならないよ。そのペットに適した休息できる場所，食事をする場所，トイレをする場所，運動できる場所が必要だよ」などです。伝え方は子どもの年齢と性格を考慮しなければなりませんが，理解できるように伝えて，子どもにも飼育の責任を持ってもらうようにしましょう。

反対に，子どもが安全に飼育できる環境を整えることも重要です。具体的には，人獣共通感染症（Zoonosis）に留意することが必要です。それは，脊椎動物から人へ，また人から脊椎動物に感染する病気のことです。動物由来感染症といったりもします。感染源は，ウイルス，細菌，真菌，寄生虫です。咬まれる，引っかかれる，触るなどで感染する直接伝播と，食品，環境，生物を媒介して感染する間接伝播があります。対策方法として，「直接伝播に対する対策では，ペットとキスをしない，口移しでエサを与えない，一緒には寝ない，ペットの爪を切っておく，ペットとふれあった後はすぐに手を洗う。間接伝播に対する対策では，排泄物は感染源となりやすいため，すみやかに適切に処分する。はがれた皮膚や羽根がホコリとなって浮遊する可能性があるので，ていねいな掃除や換気を心がける。カメなどの水棲の動物の飼育の水の廃棄は台所で行わない」（神山，2005）があります。

主な子どもがかかりやすい人獣共通感染症として，「イヌ・ネコからうつる病気は，猫ひっかき病，パスツレラ病，イヌ・ネコ回虫症，狂犬病（アジアの流行地），Q熱（特にネコ），皮膚糸状菌症などです。ウサギからうつる病気としては，皮膚糸状菌症，ニワトリからうつる病気としてはサルモネラ症，カンピロバクター症，ニューカッスル病，インコ，オウムからうつる病気としてはオウム病，ハムスターからうつる病気としては，小型条虫症，カメからうつる病気としてはサルモネラ症など」（高山，2005）をあげています。病気を恐れて飼育を断念するのではなく，動物の健康を管理して衛生面に留意して飼育することで子どもと動物の両者が安全に暮らすことができるのです。子どもが動物と健康に暮らすためには，「動物にはやたらに手を出さない，動物に触れたら手を洗う，排泄物はすぐに処理する，口移しでエサを与えない，動物の皮膚を清潔にする，調理したエサやペットフードを食べさせる，定期的な健康診断を行う，飼育環境に配慮する，飼い主が共通感染症に関する知識を持つ，野生動物はペットとして飼育しない」（高山，2005）ということに留意しましょう。

以上から総合すると，飼育環境を清潔にし，過度に濃厚な接触を避けることで防ぐことができるものがほとんどでしょう。特に，子どもや高齢者，免疫力が低下している人は気をつけましょう。子どもに年齢に応じた飼育の責任は持たせるけれども，安全に飼育できるように大人が監督する必要があるといえます。

大人のペットへの態度を子どもはよく見ています。ペットのしつけやトレーニングをするときに，ペットが思い通りにならないからと，たたく，蹴るなどの暴力をふるい，恐怖心をあおるのはよくありません。家族の一員であるペットに暴力をふるう姿を見せるのは心理的虐待にあたり，子どもの心を傷つけるのはもちろん，その暴力行為を模倣してしまう危険性もあるからです。さらには，暴力を介した間違った対人関係を子どもに学ばせてしまうことにもつながると考えられます。暴力でトレーニングされた犬は人に対して不信感や警戒心を持ち，精神的に不安定になりやすく，恐怖心から咬みつきやすくなることもあります。ほめる，遊ぶ，フードを与えるなどのご褒美で行動を強化する陽性強化法による学習の効果が実証されており，最近ではそのトレーニング方法が主流になっています。さらには，犬自身が学びたいという動機に基づいた学習方法もあります。子どもとの関係，ペットとの関係において，力ずくで抑えようとし，体罰や怒鳴りつけるなどの方法をとり，恐怖心や怒りでコントロールするしつけやトレーニングは，即効性があるようにみえますが，怖いから従っているだけで，そこに芽生えるものは人間不信や無気力にほかなりません。小さな子どもやペットは話すことができないので，時には何を考えているかわからず戸惑い，いらだつこともあるかもしれません。しかし，その泣き声や表情から気持ちや意図をくみ取り根気強く接していくことで理解できることなのです。愛情を基盤としたトレーニングは，信頼関係，学習効果も上がり効果が持続すると考えられます。

まとめると，動物飼育が子どもの発達に良い影響を与えるためには，子どもとコンパニオンアニマルとの愛着が基本であり，適正な終生飼養を行うことが必要です。そこで，周囲の大人たちが行うべきことは，自身がコンパニオンアニマルと良好な関係を結ぶ，動物の福祉に基づいた飼育環境を整える，個々の子どもとコンパニオンアニマルとの関係づくりに意識を向け，子どもとコンパニオンアニマルの愛着に留意することが重要です。

3節　ペットは子どものカウンセラー

1. 犬は共同セラピスト

児童心理学者のレビンソンは，子どもとペットの関係やアニマルアシステッドセラピーの分野の発展に大きな影響を与えました。「ペットを飼育することは，共感性，自己効力感，自己統制，自律性の発達を促進する」（Levinson, 1978）と報告しています。共感性とは，他者の考えや感情を推測し，同様の感情を共有できる能力のことです。自己効力感とは，自分の能力に対する期待や可能性の認知のことです。

臨床心理学の専門家でもあるレビンソンは，自身の心理臨床の場面に偶然に居合わせた彼のペットの犬のジングルスが，クライエントの子どもとの信頼関係を結び治療を進めることに大いに役立ったという事例を報告しました(Levinson, 1962)。その事例を紹介しましょう。精神的に不安定で，どの相談機関に行ってもなかなか良くならない男の子がレビンソンの相談室にやってきました。その子の両親は心配のあまり，初回の心理面接の予約時間よりも1時間早く来てしまったのです。たまたまレビンソンの傍らにジングルスがいましたが，それを忘れてその家族を招き入れたとき，ジングルスはその子に近づいてなめました。その子もジングルスにぴったりと寄り添い，撫で始めました。レビンソンは驚きましたが，その子はジングルスと遊びたがったので容認しました。その後のセッションでもジングルスは同席し，子どもはレビンソンを意識せずに，ジングルスと遊んでいました。徐々に，ジングルスによって誘発された感情によりレビンソンも遊びに参加していきました。そのことにより，レビンソンと男の子はゆっくりと良好な関係を築き，実際の治療へと結びつきました。レビンソンは，その臨床経験から，犬に対して好意的な子どもの場合，「犬は共同セラピスト」として機能することを見出しました。もちろん，犬に対して恐怖を示す子どもには介在させず，犬が有効にはたらくかどうかの判断は徹底していました。

また，発達心理学者であり，子どもとペットの関係に関する研究を多く行ってきたゲイル・メルスン博士は，「動物の沈黙は同意とみなし，体の動きや声は励ましと子どもは受け取る。犬，猫，ウサギが，目を見開いて，静かに傾聴してくれる姿は，果てしなく理解してくれる底の見えないプールのようだ。ペットは，打ち明け話を促すように，批判せずに受け入れてくれる聴き手となる。ペット，特に犬から人への情緒的な傾向に対する反応は，理解しているという感覚を強める」(Melson, 2001) と指摘しています。

パデュー大学獣医学部の Center for the Human-Animal Bond の所長のアラン・ベック博士は，人と動物の関係について長年研究しています。彼は，“*Between pet and people*” という名著で犬のセラピストとしての特徴をロジャース派のセラピストに照らし合わせ次のように表現しています。「ロジャース派のセラピストのように，ラブラドール・レトリバーは，非指示的で，批判せずに，飼い主の感情に敏感に反応してくれる。そして，人のセラピストはカウンセリング場面では緊急時以外はタブーとされる，触ったり，抱きしめたりする身体的なふれあいが可能だ」（Beck & Katcher, 1996）と指摘しています（ロジャースとは，来談者中心療法を構築した著名なアメリカの心理療法家です）。また，「ペット飼育で子どもが感じることは，ペットは無条件で自分を受け入れ愛してくれる，自分を評価・批判することなく好きでいてくれる」（Beck & Katcher, 1984）ことを指摘しています。

子どもは，言語が発達途上であり，また，自分の気持ちをうまく表現できないこともあります。そんなことばにならない思いを犬は静かに受け止めてくれるのでしょう。また，身体接触は，ことばが介入しない中での信頼関係の構築を促進してくれます。例えば，学校や家庭，友人関係など，様々な場所で否定され続けた子どもは，他者の批判的な言動に敏感になり，心を開くのが難しくなってしまいます。そんなとき，好意や関心を全身で表す犬の態度は心を閉ざした子どもにとって心地よく，まさにカウンセラーの無条件の受容の態度に匹敵するものでしょう。もちろん，犬だけでは心理療法は成り立ちません。しかし，心に傷を受け，心を閉ざした子どもにとって，犬は信頼関係を形成し治療を促進する心強い共同セラピストとして機能するのです。

2. どのような子どもに有効か

ペット飼育経験が子どもの発達に与える影響については，定型発達の子どもへの効果について検討してきました。では，その他にどのような特徴の子どもにコンパニオンアニマルの効果が明らかにされているのでしょうか。ジュリウスら（Julius et al., 2012）は，科学誌に掲載された論文の中から，人と動物の関係，動物介在療法，動物介在活動，乗馬療法を検索し，コントロール群との比較により動物の効果を検証している，10人以上のサンプル数のオリジナルの研究をレビューしています。その中で特定の子どもを対象とした論文をみてみると，自閉スペクトラム症，不安定愛着，知的障害，言語機能障害，精神疾患，入院中の子どもの研究がありました。その中でも自閉スペクトラム症

（Autism Spectrum Disorder: ASD）の子どもを対象としたものが散見されました。最近の動物介在介入の研究や実践でも ASD の子どもたちを対象としたものが多くなってきました。

ASD は，発達障害の 1 つです。DSM-5 精神疾患の診断・統計マニュアル（Diagnostic and Statistical Manual of Mental Disorders, Fifth Edition）によれば，発達障害は「発達期に発症する条件をもつ一連の障害である。その障害は典型的には発達早期，しばしば小学校入学前に現れ，個人的・社会的・学業あるいは職業的な機能を損なう発達的な欠陥により特徴づけられるものである。発達的な障害の幅は，学習や実行機能の非常に特殊な制限から社会的スキルや知能の全体的な欠陥まで幅がある」と定義されています。日本において，発達障害は軽度の場合は一見するとわかりにくいため，理解されず，家庭のしつけが悪いせいだと責められ家族が苦悩した時代もありました。2004 年に発達障害者支援法が制定されたことも契機となって，発達障害が広く知られるようになってきました。

DSM- Ⅳまでは，ASD は，広汎性発達障害，その一部として自閉症，アスペルガー症候群と分けられていましたが，現在は，連続しているという意味でスペクトラムとなり抱合されました。

ASD の特徴として簡単にまとめたものが以下です。

・社会的，情緒的な相互作用に問題がある。
・非言語性コミュニケーション（例えば身ぶり，手ぶり，表情など）の使用と理解に問題がある。
・年相応の対人関係の発達に問題がある。
・常同的で反復的な行動，こだわりや執着，限定された興味，感覚に敏感あるいは鈍感。

＊症状は発達の早い段階で現れて持続している。

ASD の支援の方法としては，治療教育，ソーシャルスキルトレーニングがあります。特に構造化は有用で，視覚的にスケジュールをわかりやすく，場所の意味をわかりやすく，手順をわかりやすくすることによって理解が促進されます。同じ障害でも個々に様相が異なりますから，援助を行う際には，その子どもに合った支援計画を立てる必要があります。また，発達障害の正しい理解と援助が必要です。

ASD の子どもに対して動物を介入させた場合，期待できる効果としては，動物を介して他児への関心が高まる，コミュニケーションが増加する，社会性の改善がみられる等があげられています。

アメリカのニューヨーク州のグリーン・チムニーズ（Green Chimneys）は，特別な教育支援が必要な子どもたちに，動物を介入させたプログラムを行っていることで有名で（コラム③参照），ASD の子どもたちも在籍しているそうです。1947 年に設立され，特別支援が必要な青少年に，居住施設，教育，医療，レクリエーションのサービスを提供する非営利団体であり，最大の特徴は，自然や動物を支援に取り入れていることです。農場や，野生動物保護センターがあり，在籍する子どもたちは，動物の世話や活動を通して様々な心理的，身体的，社会的効果を得ていると考えられます。筆者も視察しましたが，そこで感じたことは，医療，教育，心理などの専門家のスタッフが各分野で効果的に動物をうまく活用しているということです。動物が持っている力を最大限に活かすためには動物介在介入を行う人が効果的なプログラムを構築することが肝要でしょう。

グリーン・チムニーズにおける動物介在プログラム

グリーン・チムニーズは，マンハッタンから車で約1時間半のニューヨーク州郊外にある寄宿治療施設，特別支援学校です。1947年の創設以来，グリーン・チムニーズは自然，動物，植物を積極的に子どもたちの治療に取り入れてきたことで世界的に有名です。

現在，160エーカーのブルースターキャンパスには，102人の子どもたちが生活する寮，220人の子どもたちが通う学校，野生動物保護センター，畑，厩舎，農場，シェルター犬の寮（ケンネル），体育館，プール，ヘルスセンターがあり，200頭ほどの動物たちが子どもたちと共存しています。アメリカでは法律で義務教育は幼稚園から18歳までとなっており，特に支援が必要な子どもたちは21歳まで義務教育の延長が行われます。また特別支援教育は，様々な形で公立学校の校区で取り入れられています。しかしながら能力，行動によっては，校区内では安全に教育できない子どもたちがいます。グリーン・チムニーズではそういった子どもたちを専門に治療を行っており，費用は政府（学校区）が負担しています。障害者はできるだけ健常者とともに教育することが法律で義務付けられているため，グリーン・チムニーズでの滞在はできるだけ短期間にし，子どもが校区内の特別支援プログラムに帰ることを目標としています。

子どもたちが学区内で生活できないような危険な行動としては，逃避行，自害，他害行動，器物損壊などや，不登校も含まれます。一方で，情緒不安定，学習障害，不安症，発達障害など様々な問題を抱えた子どもたちを受け入れています。子どもたちは行動や感情をコントロールできないこと，団体生活に必要な社会性を身につけていないことなどから，学校でいじめにあったり，友達がいなくて孤独だったり，先生にしかられたり，問題児扱いをされたり，様々なトラウマを受けてグリーン・チムニーズに到着することが多いです。

ウィルソン（Wilson, 1984）は，バイオフィリア仮説を人間が自発的，本能的に自然や他の生物に関心を抱く傾向であると説明しています。グリーン・チムニーズに入所する子どもたちは，人間関係については大きな不安と不信感を持っている一方で，動物や自然に対しては興味，好奇心，愛着を示すことが多いです。また，羊が幸せそうに草を食べ，犬が尻尾を振りながら子どもたちと散歩をし，乗馬のクラスが楽しそうにキャンパスを歩いていく，そんな環境で子どもたちはほっとしたり，安心だと感じます。動物や植物が環境に与える影響は大きく，子どもたちは動物たちがいると安心して大人と会話ができたり，大人を信頼しやすいと感じることが多いようです。

グリーン・チムニーズの自然介在プログラムは学校と寄宿プログラムの中に組み込まれています。ファーム（農場），厩舎，野生動物保護センターは学校に隣接している一方で，農園，動物たちの暮らす牧草地，シェルター犬の寮（Dog Dorm）はキャンパスに点在しています。学校の教室や寮の個室から子どもたちが動物や植物を見れるように意図的にデザインされているのです。そこで子どもたちは動物とともに生活をし，育っていく。動物は子どもたちが世話をして，一生懸命にかわいがり，家族の一員となる。このようにグリーン・チムニーズの動物介在プログラムは，子どもたちが動物の世話をすることが中心となっており，動物のために子どもたちがファームにやって来ます。これがグリーン・チムニーズとほかの動物介在プログラムとの違い，そしてグリーン・チムニーズが有名な理由の１つです。

ファームでは動物の専門家，教育者，インターンがそれぞれの部署に所属しています。野生動物保護センターは国と州，酪農動物は農務省，馬はPATH International（治療馬術の専門家協会）といった外部の組織からそれぞれ監修を受けることによって動物福祉に最善を尽くしています。子どもたちは動物への毎日の餌やり，掃除，ブラッシング，散歩，投薬などに参加し，動物の世話係の役を務めます。ふだんは常に自分の問題や目標について先生，セラピスト，寮のスタッフから指導をされ，注目の的となっている子どもたちが，ファームに来ると動物のために働くグループの一部になるのです。動物に焦点を置くことによって，子どもたちは短時間ではあるもののプレッシャーを感じず，息抜きができます。動物や植物の世話をしたり，動物の手助けをすると，子どもたちは充実感を感じ，自分に自信を持つこともできます。また，動物のためだと，我慢ができたり，順番を待ったり，声をあげない，自分のわがままを言わないなど，教室や寮ではなかなかできない行動ができたりするようになるのです。ファームで起こるこういった小さな成功を積み重ねることで，セラピスト，教育者とファームの専門家が連携しながら，子どもたちはいろいろな状況に対処できる能力を身につけることができます。

作業療法士，言語療法士や臨床セラピストは，子どもたちの治療の時間をファームで過ごすことも多いです。例えば，発音が上手にできない子どもは，言語療法士と練習するのを嫌がりがちで黙りこんでしまうことがありますが，治療時間をファームで過ごすと動物についての会話を喜んでします。また，体を動かしていると発音がしやすいなどの効果もあります。

寮のスタッフや副担任の先生も，子どもたちの息抜き，休憩，ストレス緩和のためにファームを訪れます。動物に会うと心が落ち着く子どもたちは，最初はスタッフに進められて息抜きにやって来ますが，やがて多くの子どもたちは，動物に会いたいとスタッフに頼むようになります。自分の感情の高ぶりを理解して休憩をリクエストすることは，子どもたちの感情コントロールの重要なステップです。最後にそのような事例を挙げておきます。

ジョンは机の下に隠れたり，嫌なことがあると癇癪を起こして先生に危害を与えたため，グリーン・チムニーズに14歳で来ることになった。動物が好きで家でもヤモリや爬虫類，犬を飼っていて，学校でも動物の世話をするのが大好きだった。不安症で，プレッシャーに弱く，試験やテストを拒否するので卒業に必要な単位が取れない。ジョンは自分と同じようなプレッシャーに弱く，恐がりなラクダのセージの世話をすることになって，セージのためにできることをいろいろと考えた。自分とセージが似ていることから，セージを助けることによって自分の不安についての理解を深めたジョンはセージの写真をもって，テストに臨んだ。不安になると写真を見て，セージのことを考え，心を落ち着かせてテストに合格したジョンは，「本当はセージに来てほしかったんだけど，無理だと思って写真にした」と語った。卒業したら短大へ行ってほしいといった親に，「1年働いて息抜きをしたい，学校はストレスやプレッシャーになるので，何を勉強したいか考える時間が必要だ」と言ったジョン。自分に必要なことを動物とのふれあいを通して学び，主張できるようになったジョンは，6月に無事卒業した。

文献

Wilson, E. O. (1984). Biophilia. Harvard University Press.（狩野秀之（訳）(2008). バイフィリア―人間と生物の絆―　筑摩書房）

第4章

人生の最期までペットと暮らす

1節　ペットは生きがい

1. 生きがい

人生に意味を見出し，生きがいを感じて生きることは，人生を豊かに充実させて生きることに役立つと考えられます。しかし，将来への見通しや経済状況の不安定な現代において，生きる意味や生きがいを見出せない人が多くなってきています。刹那的に生きることはそれで幸せといえるかもしれないですが，生きがいや人生の意味は，人生の途上で繰り返し換起される，生涯をかけての問いとなるでしょう。

では，生きがいとは何でしょうか。「“生きがい” というものは，人間がいきいきと生きていくために，空気と同じようになくてはならないものである。人生で壁のようなものにつきあたったときに，生きがいということが問題になる」（神谷, 1989）と定義されています。普段「生きがい」は意識に上らないでしょう。しかし，人生の意味を見失ったときに，強く意識し，模索すると考えられます。生きがいは，生きがい対象と生きがい感に分けられるといわれています。また，生きがいは，状態としての生きがい感と生きがいへのプロセスがあるとされています（熊野，2011）。

どの年代にも生きがいはあります。しかし，それは発達によって変化するものだと考えられます。特に高齢期になると強く意識する場面が多くなるでしょう。心理学の分野でも，高齢期の生きがい研究が他の世代と比べて多くなっています。生きがいを測定しようと試みる高齢者の生きがい感スケールでは，生きがいは，自己実現意欲，生活充実感，生きる意欲，存在感から構成されています（近藤・鎌田，2003)。高齢期を充実させるためには，これらの生きがいがキーワードになると考えられます。

その生きがい対象の１つとして，ペットが考えられます。ペットとの生活は世話や散歩，遊び相手をする等の１日のスケジュールを与え，規則正しさを提供します。また,世話や養育は人生にはりあいや,やるべき仕事を与えるでしょう。そして，ペットを介した近所づきあいなど社会的な交流も広がると考えられます。前記の生きがいの存在感は，他者から頼りにされ，自分がいなければだめだと思うことであり，生きる意欲では，まだ死ぬわけにはいかないと思うことであり，これらは，ペットとの生活でも満たしうる感情ではないでしょうか。

2. 高齢期における幸せとは

幸せとは何でしょうか。心理学をはじめ社会科学の分野では，長年，この問いに向き合ってきました。操作的に選択する変数とそれに伴って導き出される変数，前者を独立変数，後者を従属変数といいます。これは，簡単にいえば原因と結果の関係です。この従属変数として幸福感を規定し，どのような要因が幸福感を高めるかという図式が検討されてきました。

心理学分野において，学習性無気力の心理学実験で知られているセリグマン(Seligman, M. E. P.）は，最近はポジティブ心理学の発展に力を注いでいます。そしてそのテーマの追求として，ウェルビーイングをあげています。セリグマン（2011）によれば，ウェルビーイングの判断基準は，持続的幸福度であり，その５つの構成要素は，①ポジティブ感情（Positive Emotion：幸福感と人生満足度がすべての面にある)，②専心（没頭）すること（Engagement)，③関係性（Relationships)，④意味（Meaning)，⑤達成，成果（Accomplishment or Achievement）としています。「ポジティブ感情（楽しい人生)」は，ウェルビーイングの１つ目の要素です。「専心すること」とは，主観的にのみ評価され，無我夢中になり，没頭して集中することによりフロー状態になることです。フローは忘我状態なので，後から思い出して，喜び，恍惚感，快適さ，あたたさ，好ましさ，などと評価されます。「(良好な）関係性」は，ポジティブなものには他者が不可欠であるということです。人生のすばらしい出来事には必ず他者が関連しています。「意味（自己よりも偉大であると信じている何かに所属して仕えること）」は，ウェルビーイングに寄与する，それ自身を目的として追い求めること，他の４つの構成要素とは独立していることの３点が基準となっています。「達成」は，それ自身を目的として追い求めるものです。さらに，これらの５つの持続的幸福の要素を支えるのが24の「強み（Character strengths）」とされています。この理論から考えると，自分の強みを発揮して，喜びや楽しいなどの肯定的な感情を持つこと，何かに夢中になること，良好な関係性を築くこと，人生に意味を見出すこと，何かを達成することが，幸せを感じて生きていく基本となると考えられます。

以上の要件を満たすことは，高齢期は他の年代と比べて難しいようにみえるかもしれません。なぜなら，高齢期は様々な喪失を経験する時期でもあるからです。仕事や役割からのリタイア，子どもの巣立ちなどを経験します。それだけではなく，親やきょうだい，友人との死別など，親しい人との別れも多い時期です。また，自身の身体の機能の低下や，加齢に伴い病気のリスクも上がります。では，老いることは失うことだけなのでしょうか。それだけではありません。これまでに積み重ねられた経験による智慧や，失う経験により得られた人格的円熟を迎える時期でもあり，物事を達観できる視点，長い人生経験に裏付けされた他者を受け入れることのできる寛大な心を獲得していることでしょう。幸せの中でも他者との温かい交流は欠かせないものとなっています。それは元来，人は社会性の動物だからなのかもしれません。他者を受け入れる寛大な心，自分の人生を受け入れて唯一の存在として自身を大切にし，同じ唯一無二の存在として相手を尊重するやりとりから生まれた関係性は高齢期を充実したものとしてくれるでしょう。

第１章でペットへの愛着には，「快適な交流」「情緒的サポート」「社会相互作用促進」「受容」「家族ボンド」「養護性促進」の６つの側面があると概観しました（第１章の図1-2参照）。ペットとの暮らしにおいて，これらの要素が高齢期のウェルビーイングを高めるのに影響を与えると考えられます。

２節　高齢者とペットの関係

1. 高齢者がペットと暮らすことの利点

高齢期になると，家族構成も変化します。子どもは巣立っていき，夫婦二人暮らしや，伴侶に先立たれて一人暮らしをする人，高齢者施設で暮らす人もいます。生活の変化や親しい人たちとの別れも多い時期ですので，他の年代よりも孤独感や抑うつ感を感じる人は多くなるかもしれません。

女性高齢者を対象とした研究で，一人暮らしの場合，ペットが大きな影響を与えており，一人暮らしの高齢者の中でもペットの飼い主はペットを飼っていない人と比較して，主観的幸福感の６つのモラール要因のうちの動揺の減少，楽観性，活動に対する積極性，孤独感の減少の４つにおいて有意に肯定的な結果であったとしています（Goldmeier, 1986）。また，孤独な高齢者がペットを養育することにより安心感を得たと報告されています（Levinson, 1978）。日本において，ペットを飼育している中高年を対象とした調査では，ペットとの情緒的な関係が親密である者ほど抑うつ状態で示される精神的健康が良好であることが明らかにされました（安藤ら, 1997）。また，ペットフード協会（2016）が65歳以上の高齢者のペット飼育の効用を調査した結果，犬の飼い主は，「情緒が安定するようになった（50.3％）」「寂しがることが少なくなった（49.7％）」「運動量が増えた（46.6％）」「規則正しい生活をするようになった（45.5％）」となっており，猫の飼い主では，「寂しがることが少なくなった（47.1％）」「情緒が安定するようになった（46.3％）」「ストレスを抱えないようになった（38.1％）」「規律正しい生活をするようになった（31.9％）」の結果となっています。

誰かと交流しあたたかい関係性を持つこと，誰かに必要とされることが孤独感を軽減すると考えられます。ペットと暮らすと，日常の世話が必要であり，旅行にも行きづらくなり，病気になれば心配になり看護も必要です。しかし，そんな「頼られる」「必要としてくれる」という存在が高齢者の孤独感を和らげてくれるのでしょう。

第２章でもふれたように，ペットと暮らすことが高齢者の健康に効果的であるという研究があります。犬を飼っている高齢者は，飼っていない高齢者よりも通院回数が少ないともいわれています。特にストレスを抱える高齢者に顕著であり，犬の飼育が高齢者のストレス緩和に役立ち，結果として病院の通院回数を減らしていたことが明らかにされました（Siegel, 1990）。また，ペット（犬，猫）の飼い主は，ペットを飼っていない人よりも，1年で通院する回数が少なく，心臓疾患や睡眠困難で治療を受ける人が少なく，結果，医療費が大幅に削減できる効果があると報告されています（Headey et al., 1999）。

また，ペットの犬を介して他者との交流が広がったという研究もあります。犬の飼い主と犬を飼っていない高齢者を比較したところ，犬の飼い主は，散歩中に犬を連れていても連れていなくても通行人と現在の犬の会話を主に行っていました。犬を飼っていない高齢者は，過去の出来事に関する話が多かったと報告されています（Rogers et al., 1993）。特に高齢者の場合は，地域とのつながりが希薄になりがちです。犬の散歩を通して，地域における他者との会話や交流が促進されるのかもしれません。筆者の調査でも，中高年の犬の飼い主は，愛着の中でも，他者との関係を促進してくれる社会的相互作用が強く機能していました（濱野，2003）。多くの研究が，高齢者のペットの心理，身体的効果を証明しています。

今後，高齢化がますます進み，地域包括ケアが超高齢化医療における対策として進められていく日本において，ペットの人と人とをつなぐ社会的利点の力が有用になっていくと考えられます。図4-1は，マックロウの3つの利点と，人とコンパニオンアニマル（ペット）の愛着尺度の各因子を示したものです。

これらから，ペットと暮らすことは心理的，身体的，社会的に利点があることが明らかにされています。高齢者が元気に地域とつながりいきいきと幸せに暮らすことは，ウェルビーイングの向上はもちろん，医療費の削減や地域の活性化にもつながると考えられます。

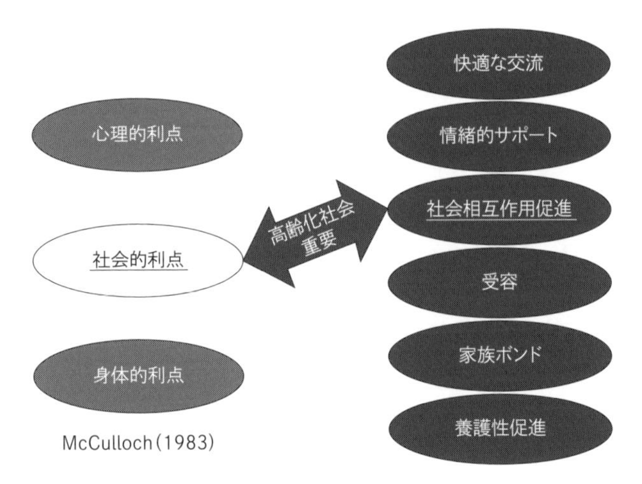

▲図 4-1　高齢化社会におけるペットがもたらす効果

2. 高齢者とペットとの暮らし

ペットと暮らすことがどのような経緯を経て高齢者に効果をもたらすかについて２つの事例をあげて考えてみましょう。70 代の女性の飼い主に面接調査を行い，その語りから，ペットと暮らす効果への影響やメカニズムと考えられるものを図説しました（図 4-2 ～ 4-4 内の p はペットのことです）。また，語りの関連性と方向性については矢印を用いて表現しました。特にマックロウ（McCulloch, M. J.）の３つの利点に従い分類して考察しました（濱野，2018）。

【事例１】

Ａさんは，夫や他の家族，２頭の小型犬と暮らしている 70 代の女性です。身体的利点としては「元気でいられる」，心理的利点としては「幸せを感じる，満たされる，感謝を感じる，優しくなれた」，社会的利点としては「人と人をつなぐ」が見出されました（図 4-2）。

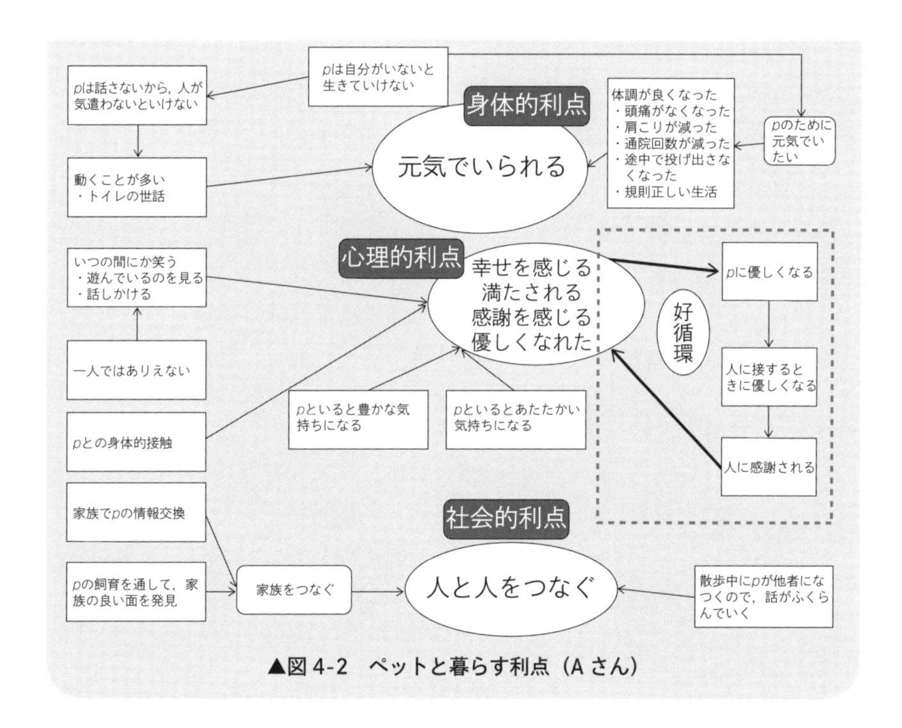

▲図 4-2　ペットと暮らす利点（A さん）

ペットは自分がいないと生きていけないので，ペットを気遣い世話をするために動くことが多くなるので健康になったそうです。また，ペットのために元気でいたいという思いから体調もよくなり“元気でいられる”そうです。体調の改善としては，「頭痛がなくなった，肩こりが減った，通院回数が減った，途中で物事を投げ出さなくなった，規則正しい生活をするようになった」と語られており，心身の健康にとって良い影響があることがわかりました。

「ペットを抱っこしたり撫でたり身体的接触をすること，ペットは笑わせてくれたり，ペットに話しかけたりすることは1人ではできないこと」とも語られていました。また，ペットと一緒にいると豊かであたたかい気持ちになるそうです。これらが，“幸せを感じる，満たされる，感謝を感じる，優しくなれた”につながるそうです。このような自身の状態が，図 4-2 の点線で囲ったように，幸福感に影響を及ぼす好循環をもたらすと考えられます。その具体的なメカニズムとしては，ペットには自然と優しく接するので，その延長線上として，人と関わるときも自然と優しくなっているそうです。そのような接し方が人に感謝されることにつながり，感謝されることで，さらに幸福感を感じ，ますます優しくなれるというのです。このような優しさとやりとりが，幸福感を向上させ，さらにペットや人に対する優しさにつながるという肯定的な循環が生まれることがわかりました。

家族でペットの情報交換をしたり，ペットを通してこれまでにはない家族の良いところを発見できたりすることで，家族との関係もつないでくれるそうです。また，ペットの散歩中に他者と話が弾むことで交流が深まることもあるようです。これらのことから，ペットの“人と人をつなぐ”利点があることもわかりました。

【事例 2】

B さんは，小型犬 1 頭と暮らしている 70 代の女性です。

心理的利点としては「心理的サポート」「相思相愛」，身体的利点としては「元気でいられる」，社会的利点としては「人間関係の構築」が見出されました（図 4-3）。

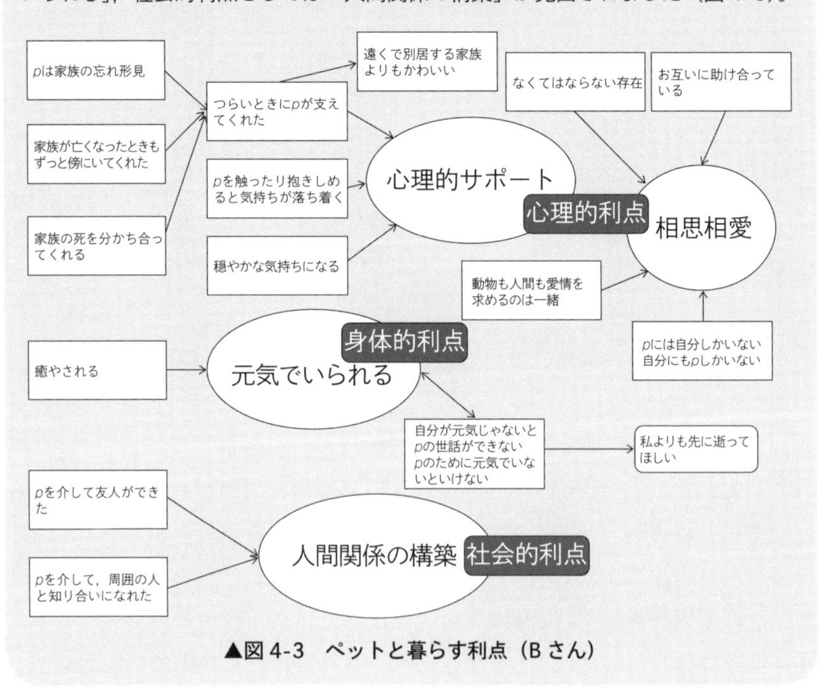

▲図 4-3　ペットと暮らす利点（B さん）

家族を喪失するというライフイベントを迎えたBさんですが，ペットは心理的サポートの重要な役割を担っていました。そのような危機に対して，ペットの存在は有効にはたらいたと考えられます。さらに，喪失からの回復・適応過程にもペットは飼い主の傍で寄り添いサポートとして役立っていました。また，“相思相愛”で支え合っていて，自分にもペットにもお互いしかいないという強いきずなで結ばれていて，なくてはならない存在と感じていると語っていました。遠くで別居している家族よりもペットは心理的に近い存在と捉えられていました。そのような背景から，ペットへの責任感が強く，それがまた，飼い主の高い健康への意識に寄与していました。一方で，犬を介して親しい友人や知人ができたことから，ペットは人間関係の構築にも役立っていることがわかりました。

【事例 3】

C さんは，小型犬 3 頭と暮らしている 70 代の女性です。

心理的利点としては「心理的サポート」，身体的利点としては「元気が出る」，社会的利点としては「人との交流」が見出されていました（図 4-4）。

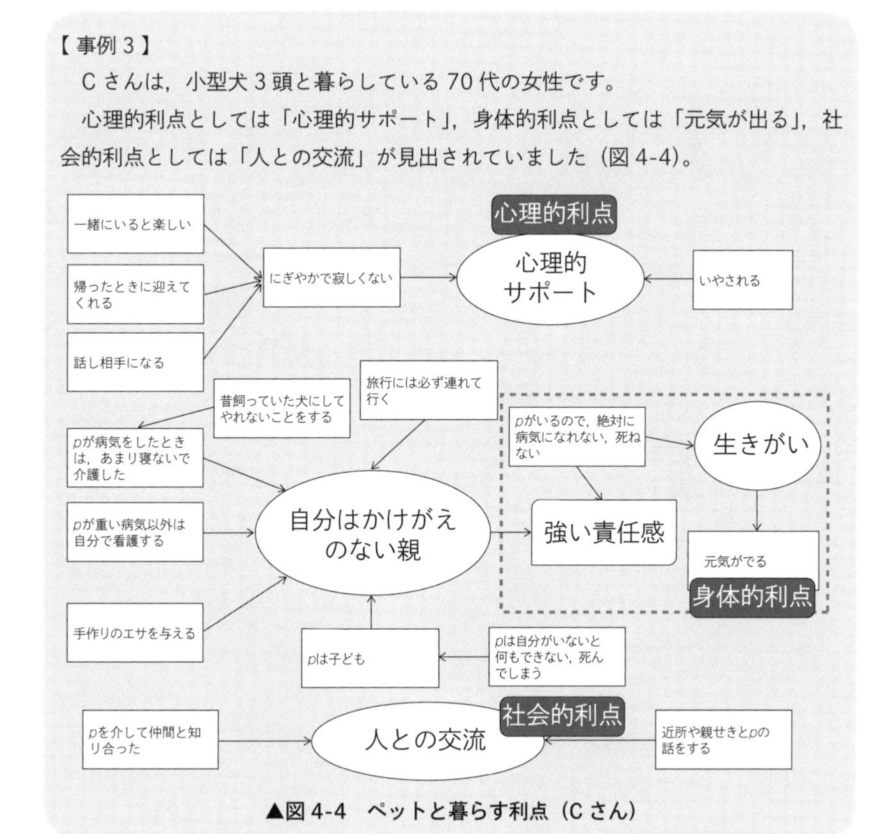

▲図 4-4　ペットと暮らす利点（C さん）

犬には手作りのエサをあげる，病気の介護は病院よりも自分が主体となって行う，旅行には必ず連れていくなど，「自分はペットにとってかけがえのない親」との語りのように，子どもに対する親のような強い責任感を持っていました。そのことによって，自分は病気になるわけにはいかない，ペットよりも先に死ねないという気概につながり，ペットへの責任感が「生きがい」になり元気になると語っていました。

３頭の犬たちとの生活はにぎやかで，家に帰れば迎えてくれ，時には話し相手になり，生活に楽しさや癒やしを与えてくれていました。犬を介した仲間との出会いや犬が他者との会話を円滑にしてくれることが人との交流に役立っていました。

以上，３事例の高齢者とペットの関係を紹介しました。このうち２人が一人住まいでペットと暮らしていました。日本における男女の平均寿命からも，女性が夫に先立たれて一人で暮らすケースが多いと考えられます。また，子どもがいても親から自立し，家庭を持ち別居する場合が多くなります。高齢者がいきいきと健康的に生きることは超高齢化社会を迎えた日本にとっても重要な課題となっています。今回の調査から，高齢者がペットと暮らすことは，生活に規則正しさ，楽しさや癒やし，話し相手，さらには生きがいを与えることにつながっていると考えられます。また，ペットよりも先に死ねない，ペットは自分がいないと生きていけないと語っていたように，必要とされることで，生きる気力がわき，病気予防への意識にも良い影響を与えていました。このようなペットと暮らす利点が，日本の超高齢化社会問題を解決する一助となる可能性があると考えられます。

今回の調査から，高齢者はペットと暮らすことで心理的，身体的，社会的利点を得ていることが明らかになりました。さらに，ペットへの愛情を基盤として，ペットより先に死ねないという使命感にもせまる責任感が見出されました。これは，他の若年の年代がペットを飼育したときの責任感とは異なる質で強いものであると推測されます。高齢期は周囲の親しい人たちを喪失する機会が多く，自分の死を強く意識する年代であるため，これまで培った経験から得た叡智を収集し，限られた時間の中で責任を持ってペットに愛情を注ごうとする覚悟の表れであると受け取れます。このような愛情，自分を必要とする者の存在が後押しする強い責任感が，「ペットは生きがい」という語りの裏に隠されています。1節でも述べたように，「生きがい」というものは，人間がいきいきと生きていくために，空気と同じようになくてはならないものである（神谷，1989）というように，ペットと暮らす際もこの使命感が高齢者に生きがいを与え人生を意味のあるものにしている可能性があると考えられます。

一方で，これらのケースのように，ペットと強いきずなで結ばれている場合，重篤なペットロスに陥る可能性が懸念されますが，実は，一緒に暮らしているときの愛着が安定しており，強いきずなで結ばれている方が，そのペットロス経験による人格的成長に肯定的な影響を与えることが明らかになっています（濱野，2007)。ペットを十分に愛することが，喪失からの回復・適応にも有効にはたらくと考えられます。

また，今回調査をした全員が「ペットは自分より先に逝ってほしい，最期を看取ってやりたい」と切望していました。高齢期は，自分の残された時間を考える時期でもあります。子どものような存在のペットが先に死んでしまう逆縁の矛盾を抱えながら，自分の残された時間を天秤にかけ，かけがえのない親としての強い責任感に裏付けられた覚悟ととれます。世の中には，高齢者が飼えなくなったペットが飼育放棄されるという問題もありますが，本事例の飼い主は，もし自分が先に死んでしまったら，ペットを誰に託すかを真剣に向き合って考えていました。このことについては次の節で詳しくふれていきます。

3節　高齢者とペットの暮らしの支援

1．高齢者がペットと暮らすときの課題

高齢者がペットと暮らす良い面についての研究や事例を紹介してきました。一方で，高齢者がペットと暮らす難しさも指摘されています。では，高齢の飼い主が感じている不安とはどのようなものがあるのでしょうか。高齢者自身の健康や寿命，経済面に関することがあげられます（表4-1)。

また，高齢化社会におけるペットとの暮らしの課題としては，「終生飼養の困難さ」と「高齢期に特有の課題」があげられます。「終生飼養の困難さ」としては，一人暮らしをしている高齢の飼い主が病気になったり介護が必要に

▼表 4-1　高齢の飼い主の不安

・自分が先に死ぬかもしれない ・最後まで飼う自信がない ・ペットロスに耐えられない ・ペットが病気や介護になったら世話をする自信がない ・自分が病気になったり介護が必要になった場合，ペットの世話をする人がいない ・経済的な不安（飼育費用，動物の医療費用）

▼表 4-2　高齢飼い主の課題

終生飼養の困難さ
・一人暮らしの高齢の飼い主が病気になったり介護が必要になった場合，ペットの世話をする人がいない ・別居家族はそのペットへの愛着が低いため，飼い主が飼えなくなったり，亡くなったりした場合に手放してしまう ・経済的な困窮
高齢期に特有の課題
・家族や友人を喪失する経験が多くなる

なった場合，ペットの世話をする人がいないこと，別居家族のそのペットへの愛情が低い場合は，高齢の飼い主が飼えなくなったり，亡くなったりした場合に手放してしまうことが考えられます。また，経済的な困窮もペット飼育に影響を与えるでしょう。「高齢期に特有の課題」では，家族や友人を喪失する経験が多くなる時期であり，さらにペットを亡くしたときは喪失が重なり深刻な状態になる可能性があります（表 4-2）。

2. 高齢期の対象喪失

年をとるにつれて，様々な喪失を経験します。親，伴侶，兄弟姉妹，友人，ペットなど愛するものとの別れがあり，時期が重なる場合もあるでしょう。悲しみが癒えたと思ったら，また，次の別れがやってきます。あまりにもつらくて，悲しむことさえできないときもあるでしょう。もちろん，喪失は何度経験しても慣れるということはなく，その時々に打ちのめされます。さらに，リタイアや高齢者施設入所などで住み慣れた環境との別れや，自身の身体機能の低下などの喪失も経験します。これらの喪失が複雑に絡み合い，重なることで，喪失の悲哀からの回復を難しくするでしょう。

2017年の日本人の平均寿命は女性が87.26歳，男性が81.09歳で，過去最高を更新しました。平成29年版高齢社会白書（2017）によれば，「65歳以上の一人暮らし高齢者の増加は男女ともに顕著であり，昭和55（1980）年には男性約19万人，女性約69万人，高齢者人口に占める割合は男性4.3%，女性11.2%であったが，平成27（2015）年には男性約192万人，女性約400万人，高齢者人口に占める割合は男性13.3%，女性21.1%となっている」との報告のように，一人暮らしの高齢者が増えてきています。また，これらのデータから，夫に先立たれる場合が多いと推測されます。ホームスとラーエ（Holmes & Rahe, 1975）は，生活における重大なストレスを数量化しました。その中で一番重大なストレスは，配偶者の死でした。残された伴侶は，配偶者の死を経験することで大きなストレスを抱えることになります。また，自身の死についても具体的に考える時期でもあります。死が遠い未来ではなく近い未来として意識されるのです。

3. ペットと最期まで暮らすには

最近，一人暮らしの高齢者が病気になったり亡くなったりして飼育放棄されるペットの問題，あるいはペットがいるから入院できないという高齢者が少なからずいることが問題となっています。しかし，自分が病気になったり，亡くなったりした場合のペットの行く末について考えている一人暮らしの高齢者も少なくありません。特に，ペットに愛着がある高齢者は，何らかの理由で飼えなくなった場合の対策を講じています。

家族と同居してペットと暮らしている場合は，高齢者が病気になったり，亡くなったりしてペットと暮らせなくなった場合は，同居している他の家族がペットの世話を行ってくれる可能性が高くなります。

では，家族と別居している一人暮らしの高齢者の場合を考えてみましょう。高齢者に何かあった場合，別居の家族にペットの世話をお願いするケースが多いと思います。そのために，スムーズにペットを預けることができるように，普段からペットを含めた交流を行うのが効果的です。そうすることで，他の家族とペットが相互に愛着を形成でき，何かあったときに，ペットを託しやすくなります。

さらに，これは，高齢化社会の人とペットの関係の理想像ですが，高齢者が入院したり，高齢者施設に入居したりした場合に，家族同然のペットも同伴でお見舞いや面会に行くことができるようになればよいと思います。これまで，ペットとの暮らしが高齢者の身体的精神的健康に効果があることが実証されてきていることを述べました。また，多くの動物介在介入のボランティア団体が，病院や高齢者施設に訪問して効果をあげており，事故もほとんどありません（コラム①参照）。これらの研究の知見や実践の積み重ねが証拠となり，面会にペットの同伴があたりまえの世の中になれば，高齢者も元気づけられ，生活に気力を与え，闘病への意欲も増すことでしょう。そのためには，ペットは飼い主にとってかけがえのない家族の一員であるという社会の理解が必要です。また，飼い主の責任として社会性のあるペットを育てることが，このような取り組みが認められるための一助となるでしょう。概念図を以下に示します（図 4-5）。

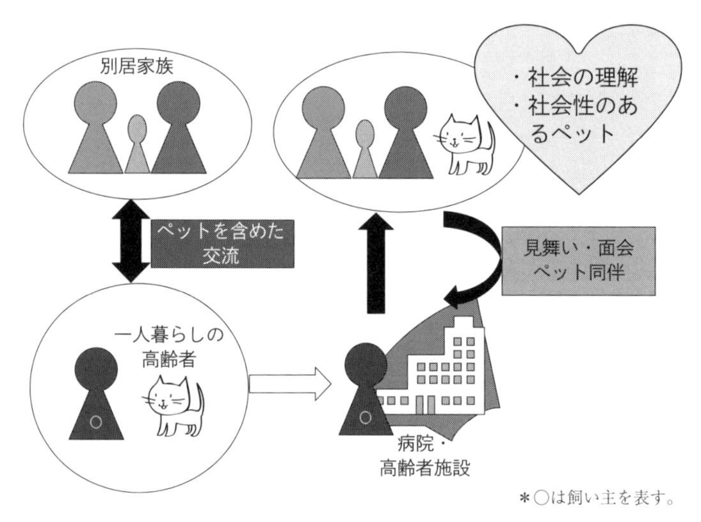

▲図 4-5 高齢者とペットの暮らしの理想環境

訪問先における感染症やアレルギーの問題，動物嫌いな人への対処等，課題は山積で，実現には多くの時間がかかるでしょう。しかし，高齢者の医療や福祉について，既製品のように判で押したような考え方では超高齢化社会で高齢者は幸せに生きることはできないのではないでしょうか。労力のかからないオーダーメイドの工夫で実現できるのなら，高齢者のウェルビーイングを向上させるために実施を試みてもいいのではないでしょうか。子どもや孫のような存在のペットと暮らしている高齢者が存在するということに想像力や共感力をはたらかせれば，それは自ずとみえてきます。

最近，ペットと一緒に暮らすことができる介護付き高齢者施設やサービス付き高齢者施設も増えてきました。しかし，傾向として他の高齢者施設よりも入居費が高いようです。また，高齢者がペットより先に亡くなったときの対応まで考慮しているところは多くありません。しかし，日本でペットと入居できる唯一の特別養護老人ホーム「さくらの里　山科」では，飼い主がペットよりも先に亡くなった後もそのペットはホームで生活を続けていくことができるそうです。

第2章で少しふれたようにアメリカでは，ミズーリ大学とAmericare（高齢者施設経営の企業）とが共同で，高齢者が亡くなるまでペットと暮らすことのできるタイガープレイス（Tiger Place）を設立しています（コラム④）。ここで人とペットの関係に関する研究と大学教育の中心となっているレベッカ・ジョンソン博士は，ミズーリ大学に所属し，人と動物の相互作用研究所(ReCHAI)の所長でもありました(2019年にリタイアして名誉教授)。筆者は，ミズーリ大学に半年間，在外研究員として所属し，その期間，タイガープレイスに週に2回，ReCHAIのスタッフや大学生と一緒にTiger Place Pet Initiative（TiPPI）プログラムの一貫として訪問していました。タイガープレイスには，ペットのための診察室が併設されており，獣医師が回診し，獣医学科の学生がサポートしています。また，学生は入居ペットのしつけ，給餌，猫のトイレ掃除，犬と遊んだり散歩するサポートも行っています。もし，飼い主が亡くなったり，飼いきれなくなったときには新しい飼い主を見つけてくれます。また，様々な種類の動物を連れてタイガープレイスを訪問します。入居者は，訪問動物とふれあったり，その動物について学習したり，大学生と交流することを楽しんだり，自分のペットの思い出を語り合ったりと，多世代の交流を楽しんでいました（コラム④参照）。

これらを手がかりとして，今後の高齢者施設のありかたについて考察します(図4-6)。

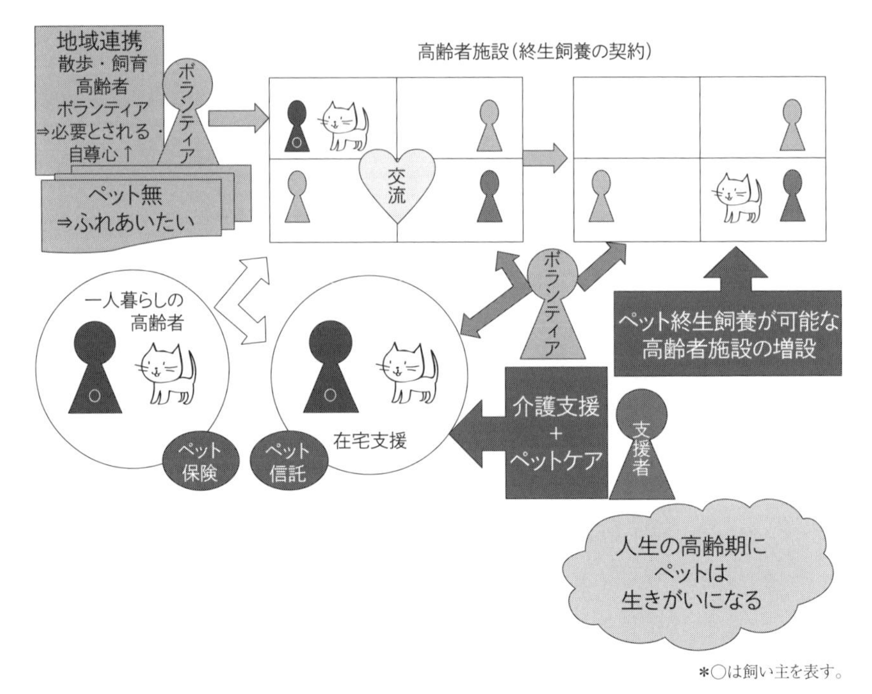

▲図 4-6　一人暮らしの高齢者のペットの終生飼養

前述したように今後，ペットと一緒に入居できる高齢者施設では，ペットの終生飼養を保障してくれるシステムがあるといいでしょう。入居していた高齢者が亡くなった後も施設で飼育し続けるか，新しい飼い主を探す契約を事前に結んでおくことも方法としてあげられます。また，施設内にペットと過ごすことのできる共有エリアがあると，飼い主がペットを介して他の入居者と交流することができ，飼い主が亡くなった後に，他の入居者が引き取ってくれる可能性が高くなるでしょう。また，施設内に地域に開かれたペットカフェを作るとペットを介して入居者と地域住民が交流できる場となり，入居者が亡くなったときに，そのペットを引き取ってくれる住民が出てくるかもしれません。そのような交流の場には子どもがおとずれる可能性もあるので，昔の近所づきあいのような多世代交流が実現することも考えられます。若い親たちにとっては子育ての相談をしたり，仕事の愚痴をこぼせたりする居場所にもなります。そのことによって，育児不安や仕事の悩みが軽減されるかもしれません。

子どもたちは，あまり会えない遠く離れた祖父母の代わりに，入居者から教わることもあるかもしれませんし，積み上げられた経験からくる高齢者の知恵に救われることもあるでしょう。反対に，身体が不自由になったりあちこちが痛くなったりしている入居者に対して，子どもたちは優しい気持ちになるでしょう。このような世代の多様性が子どもを心豊かに育てることに寄与するでしょう。まさに，ペットの社会相互作用促進の力が効いてくるのです。

また，近隣の高齢者で，ペットは飼えないけれど動物とふれあいたいという人がいれば，飼育のサポートボランティアに参加してもらうことができるかもしれません。ボランティアに参加することによる心理的利点も明らかにされています（Clary et al., 1998）。日本においては，ボランティアに対してハードルが高いと思う人も多いですが，ペットの世話や犬の散歩であれば，動物好きな人にとって，気負わないでできる楽しいボランティアになるでしょう。それは，動物とふれあいたいという希望を満たすことができ，入居者から感謝され，ペットからは愛される体験となることでしょう。そのことは，必要とされる欲求を満たしてくれたり，自尊心を高めることに役立つかもしれません。

ペットを介した地域交流は参加者を限定せず，強いていえば，「動物好き」でさえあれば気軽に参加できます。社会における肩書，祖父・祖母・父・母，夫・妻，兄・姉・弟・妹，年齢，などの社会のあらゆる役割は関係なく交流に参加できる特長があります。

一人暮らしの高齢者で，在宅支援を受けている場合ですが，介護支援者は，高齢者がペットと暮らしていても介護の時間内にペットのケアを行うことはできません。もし簡単なペットケアを盛りこむことができれば，介護支援のついでにお願いすることができ，高齢者のペット飼育のサポートになるでしょう。

以上は，ペットを介入させることの利点ばかりあげていますが，もちろん，動物が嫌いな人への対応や，鳴き声やしつけの問題も出てくるでしょう。しかし，そのデメリットを勘案してもそれを上回るメリットがあるならば，推進する価値はあるでしょう。様々な方略を試行しなければ，日本の少子超高齢化社会の課題を乗り越えることは難しいと考えるからです。

ペットとともに年を重ねること
—タイガープレイス（ペット飼育を奨励する高齢者施設）—

ほとんどの社会では，年齢を重ねても健康であり続けることを目標としています。退職年齢に達し，退職から何年も経過している人々の数が急増していることを考慮すると，その目標は特に重要となってきます。さらに，この目標が達成されれば，高齢化に伴い高騰する社会的費用だけでなく，医療費をも削減することができます。

コンパニオンアニマル（ペット）と一緒に暮らすことが高齢者にとって有益であることが研究のエビデンスから示されていますが，ペットと一緒に住むことをなかなか許可しない住居施設もあります。ペットが私たちを評価せず，無条件に愛してくれることは十分に実証されており（Allen et al., 1991），ペットは家族の一員とみなされることもよくあります（Cohen, 2002）。また一方で，ペットの飼い主にとって有益な身体的健康をもたらすことも研究結果によって支持されています。

ペットを飼う人は，ペットに関連する身体活動，社会的および情緒的サポートを通して心血管系のリスクが低減されるという明確なエビデンスにより，アメリカ心臓協会（American Heart Association）は，ペットを飼うことを支持するという，正式な科学的声明を発表しました（Levine et al., 2013）。ペットを飼うことの利点が正式に認められたことにより，高齢者が暮らす住居でのペット飼育方針や運営方針を開発および実施する人々に，エビデンスに基づいたガイダンスを提供できるようになりました。

高齢者の住宅を管理する住宅所有者または政府団体がペット飼育を許可しない場合は，彼らは科学的エビデンスを認識することができずに，住民に健康上の不利益をもたらすということになります。ペット飼育が認められないと，高齢者はまた，非常にストレスの高いジレンマに陥ります。すなわち，高齢者にとっては，主な社会的サポートや，健康に関わる行動のための動機づけ，無条件の愛の源であるペットを失わざるをえないことにもつながりかねないのです。

健康的な加齢に関するこうした重要な予測因子に取り組むために，ミズーリ大学（MU）のシンクレア看護学部（Sinclair School of Nursing）は，高齢者に住宅を提供することに重点を置いている Americare Systems, Inc. との協力を開始しました。このパートナーシップの結果，日本の大阪で，ペット飼育を奨励する高齢者施設ペピイ・ハッピープレイス（Peppy Happy Place）が誕生することに結びつきました。また，タイガープレイス（Tiger Place）は，ミズーリ大学のマスコット（トラ）にちなんで命名された高齢者施設です。そこでは高齢者が入居し，必要に応じてサービスを追加して余生を過ごす，「aging-in-place（住み慣れたところでいつまでも自

ミズーリ大学　人と動物の相互作用研究所
（ReCHAI）のロゴマーク

タイガープレイス正面
（住民の送迎バスが停車）

分らしく年を重ねる）」ということを哲学にしています。タイガープレイスは，ミズーリ大学のシンクレア看護学部（Sinclair School of Nursing）と獣医学部（College of Veterinary Medicine: CVM）のコラボレーションです。タイガープレイスの重要な要素は，「Tiger Place Pet Initiative（TiPPI）」であり，次の３つのサービスで構成されています。

①「PAWSitive Visits」という毎週の訪問プログラムでは，入居者と交流し学ぶために，さまざまな種の動物がタイガープレイスに連れてこられます。ミズーリ大学の人と動物の相互作用研究所（ReCHAI）のスタッフと学生は，これらの１時間のセッションのコーディネートや準備，そして実施を行います。さらに，CVMが所有しているラバのチームが，毎年春と秋にタイガープレイスを訪問しており，入居者とその家族は，そのラバが引く美しい農場ワゴンに乗車します。タイガープレイスのスタッフ，入居者，およびその家族は，「PAWSitive Visits」を優れたプログラムとして定期的に評価しています。そのセッションでは，入居者の家族が訪問し，家族の世代を超えたリラックスした話題に参加する機会を作ります。米国社会の流動性とコミュニケーション技術への依存によって，若い家族にとって，高齢者との対面のコミュニケーションがあまり居心地の良い経験でなくなっていることを考えると，この取り組みは非常に重要です。

②ペットケアアシスタント（Pet Care Assistants）は，入居者がペットを迎え入れ，ペット飼育の必需品を配達し，犬を散歩させ，猫のトイレを掃除し，体重測定，入浴，投薬を含むペットのニーズに関する世話をし，建物に囲まれた中庭で入

CVMのラバの馬車

タイガープレイスの広々とした中庭
（中央にミズーリ大学のマスコットのトラの像）

居者の犬と遊ぶことを支援します。また，ペットや飼い主が入院または亡くなった場合にも支援します。この支援には，飼い主が不在の場合や，亡くなった場合に，新しい飼い主を見つけるためにそのペットを養育することも含まれています。タイガープレイスでは，そのペットを知っており，新しい飼い主になりたい別の入居者の居住部屋がそのペットの新しい家になることがしばしばあります。このプログラムは，ペットを飼いたいと思っていても，ペットが自分よりも長生きすることを恐れている高齢者の心配を和らげます。

③施設内における獣医医療としては，CVMの教職員と獣医学生が，ペットの健康を管理するために毎月往診しています。ペットケアアシスタントは，治療のためにCVMの小動物病院にペットを連れて行ったり，連れて帰ったり，治療中にペットの飼い主とやりとりもします。この支援は，病気の動物を飼っていて，その必要に応じた助けをどのように与えればよいかが不確かな，高齢者のストレスを軽減するのに役立ちます。

これらのサービスは，年を重ねるにつれてペットが人々の健康に寄与するということを認め，サポートするものです。タイガープレイスは，また，獣医，医学，看護，動物看護（veterinary technician）の学生のための優れた臨床研修現場としても機能します。学生が飼い主の家の中で，ペットだけではなく，飼い主にも働きかける機会を与えられるので，CVMにとって独自の臨床現場といえるでしょう。獣医学生や動物看護学生が，飼い主の自宅でペットや飼い主に会うと，優れた経験からの学習が得られます。すなわち，処方された治療に応じるための飼い主の能力を評価する機会が学生たちに与えられるのです。また，飼い主の能力と生活状況を知ることで，処方するものが現実的なものであるかどうかを考えることを忘れないようにすることにも役立ちます。タイガープレイスでは，ペットの飼い主は必要に応じてペットケアの支援を受けられますが，地域の動物病院ではこうしたことはありません。しかしながら，タイガープレイスのような施設で学生が学んだことは，獣医が治療を行うときに，診察室で必要となる考えに取り入れることができます。

また，動物看護師にとっても，高齢の飼い主の限界や課題に関する貴重な学びとなります（例えば，インスリンを投与するために小さな注射器を扱えない関節炎の指のことであるとか，視覚障害のために退院指示や薬瓶に大きな文字を使用する必要があることなどです)。日本の急速な高齢化社会を考えると，このような学びは獣医師とその医療チームのメンバーが，ペットに優れた医療を提供し，飼い主にとって不可欠なサポートを提供するうえで成功を促す可能性があるでしょう。

第５章

ペットロス

１節　悲哀の心理過程について

1．対象喪失の悲しみの定義

大切な人やペットを亡くした人は，同じような悲しみの心のプロセスをたどります。その喪失の悲しみを，「悲哀（喪）（mourning)」といったり，「悲嘆（grieving，grief)」といったりします。ボウルビィ（Bowlby, 1980）は，悲哀は「喪失に対する諸反応を包含するという広い意味で用い，その所産と関係なく愛する人物の喪失によってもたらされる一連の意識的，無意識的な広範囲な心理的過程を意味するものとする」と定義しています。また，デーケン（Deeken, 1983）は，悲嘆についてカールソン（Carlson, R.）の「自分にとって大切な一人またはそれ以上の対象の死を体験，あるいは予期した際に生ずる一連の情緒的反応」という定義をあげ，喪失に耐え，受け入れるために，混乱した情動に秩序を取り戻し，健全な適応力を回復しようとする自然な反応であるとし，喪失後のプロセスも包含したものとしています。

悲嘆と悲哀の区別については様々な見解があります。ウォーデン（Worden, 2008）は，愛する人と死に別れた経験を悲嘆（grief)，愛する人の死に適応していく過程を悲哀（喪）（mourning）と区別しています。これをふまえ，平山（1997）は，悲哀は喪失体験後の縦断的な心理的過程であり，悲嘆は症状ないし反応をさし横断的であるところに差があるとしていますが，区別は難しいとしています。このように，悲嘆と悲哀を区別することは難しく，先行研究では，その研究者が，使用用語を決定して終始同じ用語を使用していると考えられます。また，様々な喪失に関する先行研究（Deeken, 1983; 坂口・柏木，2000; 東村，2001; 宮林，2003など）では，喪失後に生ずる心理過程を悲嘆のプロセスとしています。この悲嘆のプロセスが，悲哀と類似して使用されていると考えられます。

本書では，「悲嘆（grief）」を対象喪失に対する症状ないし反応（平山，1997）もしくは，ボウルビィの定義に従って悲哀の心理過程で経験される落胆や絶望の情緒体験（小此木，1979）とし，「悲嘆のプロセス（grief process）」を対象喪失後にたどる一連の心理過程（坂口・柏木，2000），「悲哀（喪）（mourning）」を対象喪失に伴う諸反応，一連の意識的，無意識的な広範囲な心理過程を意味する（Bowlby, 1980）とします。しかし，先行研究の引用はその研究者の用語を使用します。

2. 大切なものを喪う

愛情や依存の対象を喪（うしな）うことを対象喪失といいます。その対象としては，家族・配偶者・近親者の死，相手との別離，離婚，失恋，親・子離れがあり，住み慣れた社会的・人間的環境や役割からの別れ（引っ越し，転勤，退職，結婚，進学，転校等），自分の精神的よりどころ，自己所有物，身体的，身体機能等があげられます。小此木（1979）は，対象喪失を，第１に愛情・依存の対象の死や別離，第２に住み慣れた環境や地位，役割，故郷などからの別れ，第３に自分の誇りや理想，所有物の意味を持つような対象の喪失があるとしています。森（1990）は，親密感や一体感を抱いていた人物の喪失，かわいがっていた動物や使いなじんでいた物の喪失，慣れ親しんだ環境の喪失，自分の体の一部分の喪失，目標や自分の描くイメージの喪失の５つに分類しています。

フロイト（Freud, 1917／井村，1970）は，悲哀はきまって愛する者を失ったための反応であるが，あるいは祖国，自由，理想などのような，愛する者の代わりになった抽象物の喪失に対する反応であるとし，時期が過ぎれば悲哀は克服されると信じられ病的状態とはみなさないと述べています。ハーヴェイ（Harvey, 2000／安藤，2002）は，愛する人の死，子どもの死，親の死など，人が生活の中で感情的に投資している何かを失うことを重大な喪失としています。

以上のように，対象喪失とは，感情的に投資している，愛着のある大切なものを物理的・心理的に喪失することをいい，それに伴い悲哀の心理過程を経験することをいいます。

3. 悲嘆のプロセス（grief process），悲哀（喪）（mourning）の心理過程について

愛着対象を喪失した場合，急性の情緒危機（emotional crisis），持続的な悲哀（mourning）の心理過程という心的な反応方向をたどります（小此木, 1979）。悲哀は，喪失が起こった後の通常の反応である（Bowlby, 1988）との指摘のように，どのような人も愛情を注いでいた対象を喪失した後に，同じような悲哀の心理過程をたどり，深い悲しみに陥ります。

これまで，多くの研究者，精神分析家や心理臨床家が，この対象喪失における悲哀の心理過程について，自身の臨床実践や研究結果から説明しようと試みてきました。現在の対象喪失研究に精神分析的な立場から影響を与えたフロイト（Freud, 1917／井村，1970）は，時間と十分なエネルギーを費やして，心の中にいまだ存在する失った愛着対象への想いを１つ１つ解放する苦痛を乗り越え，喪失の事実を受け入れることによって，悲哀から回復していく心理的過程を「モーニングワーク，喪の仕事：mourning work（Trauerarbeit）」と呼びました。モーニングワークとは，対象喪失を受容し，それに相応する内界の変化をもたらそうとする個人の努力であり，対象喪失に伴う悲哀（愛する者を失ったための反応）の心理過程のことであると言及しています。そして，悲哀は対象喪失に伴う正常な反応であり，モーニングワークのただ中にある人が常軌を逸した状態になっても病的状態ではなく，時期が過ぎれば克服されるとしています（Freud, 1917）。具体的には，喪失の事実を受け入れることによって，悲哀から回復していく心理過程であり，多くの人が時間の経過とともに回復に向かっていくといえます。

坂口（2001）は，悲嘆プロセスに関しては，喪失後の反応を時間順に順序づけようとする段階モデル（stage model）あるいは位相モデル（phase model）と，適応過程を一連の自らの課題達成と考え，現象の発生に順序は提案しない課題モデル（task model）の２つのモデルが提唱されていると指摘しています。ウォーデン（2008）に従えば，段階モデルの代表的なモデルは，キューブラ＝

ロス（Kübler-Ross, 1969）の「死にゆく過程の心理的段階」，位相モデルの代表的なモデルは，ボウルビィ（Bowlby, 1980）の「悲哀の4つの位相」，パークス（Parks, 1972）の「4つの位相」，サンダース（Sanders, 1999）の「5つの位相」であると指摘しています。

近年は，一方向のみを捉えた段階モデルに批判もありますが，キューブラ＝ロスの「死にゆく過程の心理的段階」は，医療や看護，獣医療の分野で幅広く活用されています。なぜなら，これらの現場において，このモデルはクライエントの悲哀の心の状況を簡潔に捉え，それに対処することに役立ってきたからです。キューブラ＝ロスは，多くの死に逝く患者の傍らに寄り添い，その莫大な臨床データから，あらゆる種類の喪失に悩む人たちが，決まって似たような死の否認と隔離・怒り・取引・抑うつ・受容という心理のプロセスをたどるという法則を見出しました。しかし，段階といっても，悲嘆の「段階」は絶対的でも連続するものでもなく，否認・怒り・取引・抑うつ・受容といった経験は人によって様々であることがわかっており，ある1つの段階に「はまり込み」，他の4つの段階をほとんど経験しない人もいると考えられています（Kübler-Ross, 1969：図5-1）。

▲図5-1　「死にゆく過程の心理的段階」（Kübler-Ross, 1969）をもとに作成

哲学者であり司祭のデーケンは，典型的な悲嘆の共通パターンとして12段階をあげています（表5-1）。

悲嘆を体験する人すべてが12段階を通過するわけではなく，順序どおりでプロセスが進行するとは限らず，時には複数の段階が重なって現れることもあるとされています。また，平山（1991）は，正常な悲嘆反応に伴う悲哀の過程として，初期（パニックの段階），第Ⅰ期（苦悶の段階），第Ⅱ期（抑うつの段階），第Ⅲ期（無気力の段階），現実直視の段階，見直しの段階，自立の段階に分けています。

前述の愛着理論でも登場したボウルビィは，悲哀の心理過程についても理論

▼表 5-1　悲嘆の共通パターン（Deeken, 1983 をもとに作成）

1. 精神的打撃と麻痺状態：shock and numbness
2. 否認：denial
3. パニック：panic
4. 怒りと不当感：anger and the feeling of injustice
5. 敵意とルサンチマン（うらみ）：hostility and resentment
6. 罪意識：guilt feelings
7. 空想形成，幻想：fantasy formation, hallucination
8. 孤独感と抑うつ：loneliness and depression
9. 精神的混乱とアパシー（無関心）：disorientation and apathy
10. あきらめ－受容：resignation － acceptance
11. 新しい希望－ユーモアと笑いの再発見：new hope － rediscovery of humor and laughter
12. 立ち直りの段階－新しいアイデンティティの誕生：recovery － gaining a new identity

を提唱しています。対象保持の段階・抗議の段階，抑うつの段階・絶望の段階，離脱の3つの段階を提唱し，その後，最初に無感覚の段階を加えて4段階に改めています。簡潔にまとめたものを以下に記載します(Bowlby, 1980／黒田ら, 1981)。

1．無感覚の段階（Phase of Numbing）：喪失を受け容れ難いために何も感じなくなる時期があり，これが通常数時間から一週間続き，非常に強烈な苦悩や怒りの爆発に終わることもある。
2．喪失した人物に対する思慕と探求の段階：怒り（Phase of Yearning and Searching for the Lost Figure: Anger）：数か月からときには数年続く段階であり，喪失の現実を認め始め，強い悲嘆と涙もろさがあり，同時に，落ち着きのなさと喪失対象が傍にいるかのような感じを伴い思慕にとりつかれる。そして，失った対象を探し求めて取り戻そうとする衝動（探求仮説）を意識的であれ無意識的であれ持っている。健全な過程では,時とともに徐々に消えていくとした。このときの悲哀の現象は,泣くことと怒りがある。また，Parks は，ある程度の自己非難もふつうにあるとしている。
3．混乱と絶望の段階（Phase of Disorganizaion and Despair）
4．再建の段階（Phase of Reorganization）：感情の打撃に耐え，死者を探求し，喪失の経過や原因について検討を繰り返し，怒りを表現することに耐えられた場合，喪失が永続的な事実であり，自分の生活は再建されねばならないことを受け入れることができるようになる。

一方，ウォーデンの課題モデルでは，一方向に順番に克服し回復に向かっていく段階モデルとは異なり，対象喪失後の悲哀の過程を完了するには以下の4つの課題を達成しなければならないとしています（Worden, 2008)。

Ⅰ．喪失の現実を受け入れること
Ⅱ．悲嘆の苦痛を乗り越えること
Ⅲ．故人のいない世界に適応すること（外界，内的，スピリチュアルな適応）
Ⅳ．新たな人生に乗り出すさなか，故人との永続的なきずなに気づくこと

シュトレーベとシュット（Stroebe & Schut, 1999）による死別への対処の二重過程モデルが支持されてきています。このモデルでは，日々の生活を続け，あるときは喪失に向き合い，あるときは回復に向き合って，揺らぎ（oscillation）ながら，2つの対処方法を行ったり来たりして適応していくと考えられています。喪失志向は，故人のことを思い出したり泣いたりして，グリーフワークに取り組むことです。回復志向は，喪失に伴う二次的問題に焦点を当てたもので，生活の変化に適応したり，悲しみを棚上げしたり，新しいことや役割，アイデンティティ，関係性を紡いでいくことです（図5-2)。

以上のように，これまでの喪失の臨床の実践者や研究者は，対象喪失後の悲哀の心理過程を臨床事例，面接調査研究から検討してきました。多くの研究や理論では，対象喪失後の悲哀の心理過程は，愛する大切なものを喪ったときの正常な反応であり，時を経れば個人的な時間の差はあるものの，通常の心理身体の状態に戻ると指摘しています。ただ，それは愛したものを完全に忘れること，きずなが切れることを示しているわけではありません。目の前にはいなくなってしまい現実にはもう会えないかもしれないけれども，心の中にいて，思い出すといつでも会えてあたたかい気持ちになる，自分の人生を応援してくれている，そんな存在として生き続けることではないでしょうか。

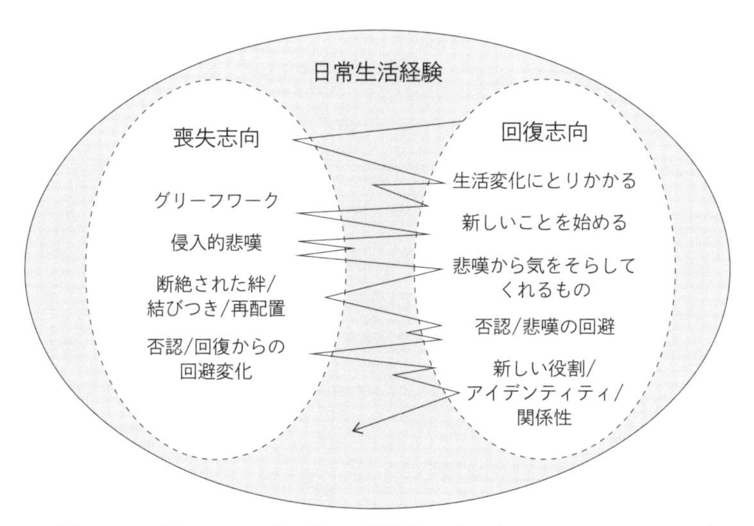

▲図 5-2　死別へのコーピングの二重過程モデル（Stroebe & Schut, 1999）

4. 対象喪失への対応に関連する要因

次に，対象喪失に対する対応の特徴をみてみましょう。池内ら（2001）は，大学生の喪失時の感情と対処行動，喪失感情の持続性や回復期間との関係性を調査し，さらに，これに性格特性がどのように影響するかを社会心理学的に調べました。その結果，泣くという対処行動が多く用いられ，喪失感情を持続している人は，抑うつ性が有意に高く，抑うつ性の高い人は，現実逃避的な対処行動をとりやすいことがわかりました。また，性格特性では，喪失感情，逃避型対処行動と強く関係していたのは，情緒安定性であることを見出しました。また，坂口ら（2001）は，配偶者喪失後の対処パターン（Stroebe & Schut, 1999）の二重過程モデルと精神的健康との関連を調査しました。その結果，3つの対処パターンがあり，故人とのきずなに執着しこれからの生活や人生に取り組もうとしていない対処パターンの人は，故人とのきずなを保持しつつ，あるいは故人にとらわれないようにして，これからの生活や人生の方に取り組もうとする対処パターンの人に比べ，精神健康の状態が悪いことが示されました。

悲嘆の過程にある遺族には，どのような特徴があるのでしょうか。宮本（1998）

は，死者の年齢が比較的若く，自責感を持っている，生きがいがなく先のめどがつかない，急死などのため看病期間が短い，悲嘆の感情を人に話さず，また，家族内でも話ができない，否定的な死生観を持っていることをあげています。一方で，悲嘆から回復した遺族の特徴として，生きがいになる役割，人，物，事柄がある，自分の感情を十分に表出することができる場がある，年齢が比較的高い，まわりにサポート体制があり，利用できる，死者に対して，できる限りの看取りができたことを自他ともに認められている，死者を懐かしむようになる，これからの自分の将来について希望が語られるようになると指摘しています。

以上から，個人の性格や対処パターン，喪失原因や看病や介護期間などが喪失の悲嘆からの立ち直りに影響すると考えられます。また，周囲のサポートがあること，生きがいを持っている，看病や介護に対してできる限りのことをやったと自身と他者が認めていることなどが回復要因として重要であると考えられます。

ボウルビィ（Bowlby, 1980）は，社会的慣習は国や文化によってずいぶん異なっているものの，人間の喪失に対する反応はほぼ同じであるとしています。それによると，残された人は亡くなった人が生きている人との関係を持ち続けると信じ，喪失に関与したと思う人に対し怒りを向け，喪の終わるときを規定しているなど，文化を越えて共通する特徴があるとしています。また，多くの文化圏に共通の信仰と慣習があると述べ，葬儀の機能としては残された人たちに恩恵をもたらすことがあるとしています。しかし，一方で，日本人の寡婦が亡くなった夫に話しかけ，生前の通り食事を用意することは文化特有の正常な反応であると指摘しています。このようなことから，対象喪失に対する反応には，各文化特有のものもあると考えられます。

2節　ペットロスとは

1. ペットロスの特徴

ペットロスとは，愛着対象であるペットを死別や別離で失う「対象喪失（object loss）」の1つであり，それに伴う一連の苦痛に満ちた深い悲しみ「悲哀（喪）（mourning）」の心理的過程の総称です（濱野，2013）。

ペットの喪失原因として考えられるのは，ペットとの死別と離別です。ペットの死の原因には，老衰，病死，事故死，安楽死があります。離別の場合は，ペットを手放す理由として，引っ越し，動物と近隣とのトラブル，飼い主の生活状況の変化や飼い主の身体上の問題，動物と他の家族とのトラブルなどがあり，ペットの失踪や行方不明などがあります。最近では，災害等で被災した人がペットと離れ離れになることが大きな問題となっています。

ペットロスと他の対象喪失との喪失原因の大きな違いとして，積極的な安楽死の選択があることがあげられます。また，公に認められにくいため社会的なサポートがほとんどない喪失の悲しみの１つである（Harvey, 2000）といえます。「動物が死んだくらいでなぜそんなに悲しむのですか」という心ない言葉をかけられることがあり，また慰めようと思って「また違うペットを飼えばどうですか」という言葉かけが飼い主の悲しみに追い打ちをかけるのです。飼い主にとっては，亡くなったペットの代わりはいないのですから，この言葉かけは逆効果となるでしょう。飼い主にとって，ペットロスは大きなストレスですが，他者からは代替可能なただの動物の死と捉えられることも少なくありません。そして，理解されにくく軽視される傾向があるので，悲しみが増長されてしまうこともあります。

キィディ（Keddie, 1977）は，ペット喪失後の悲嘆は人を喪失したときと類似の反応であり，ペット喪失後の適応の過程は重要な他者を死別したときと類似していると指摘しています。シャーキンとノックス（Sharkin & Knox, 2003）は，多くの人々が，愛着対象としてペットを飼育しているので，ペットロスについて心理学の分野でサポートを含めて考えるべきだと主張しています。これらの指摘のように，愛情を注いで，家族の一員としてペットと暮らしている家族にとっては，ペットはかけがえのない存在なのです。したがって，ペットを失った家族に対しては共感的な態度で慎重に対応すべきでしょう。

2. ペットロスの諸反応

ペットを失ったときにはどのような反応がみられるのでしょうか。フォーグルとエイブラハムソン（Fogle & Abrahamson, 1991）は，英国の獣医師を対象に，飼い主のペットロスについての調査を行った結果，「喉のつまりを感じた（67%）」「泣いた（55%）」「ひとりになりたかった（39%）」「不眠症状があった（18%）」「誰かに怒鳴りつけた（9%）」「アルコールに依存した（14%）」「罪責感があった（26%）」「落ち込んだ（50%）」「怒りを感じた（26%）」「挫折感があった（26%）」「安堵感があった（18%）」という悲嘆反応があったことを報告しています。

フォーグルら（1991）の調査をもとに，プランションとテンプラー（Planchon & Templer, 1996）は，「Pet Loss Survey」を作成し，犬，猫を喪失した飼い主の悲嘆の兆候について調査を行いました。さらに，その喪失後の悲嘆の兆候の回答法を期間（時間，日，週，月，年）に改訂し，「Pet Loss Questionnaire（ペットロスアンケート）」を作成し，犬や猫を喪失した飼い主の悲嘆反応を測定した結果，多くの悲嘆の兆候は，数日で起こっていると報告しています（Planchon et al., 2002）。

ハントとパディィラ（Hunt & Padilla, 2006）は，ペットとの死別経験には，悲嘆（混乱，虚しさ，孤独感，寂しさ，悲しさなど），怒り，自責の念が伴い，ペットへの愛着は悲嘆に関係し，怒りと自責の念は抑うつ徴候と関連していたことを明らかにしました。

ペットロスの悲嘆反応として，身体面，知的面，感情面，社会面，精神面などで悲嘆の表現がみられるといわれています。これら各悲嘆反応をまとめたものを表5-2に示します。

ある飼い主は，「何もする気が起きなくなり今まで休んだことのなかった仕

▼表5-2　ペットロスによる悲嘆反応（Schneider, 1984; Lagoni et al., 1994をもとに作成）

1. 身体的悲嘆（体が不調になる）：泣く，ショック，喉がつまる，息切れ，胃痛や吐き気，胸が締め付けられる，不安感，倦怠感，疲労感，睡眠障害（眠れない），食欲障害（食べれない），身体的苦痛など。
2. 知的悲嘆（うまく考えることができない）：拒否，混乱，集中できない，喪失のことが頭から離れない，死を考えるなど。
3. 感情的悲嘆（心の痛み）：悲しみ，怒り，憂うつ，罪悪感，不安，孤独，喪失について他人を責める，恨み，困惑，自信喪失，絶望，無力感など。
4. 社会的悲嘆（周りの人とうまくやれない）：引きこもりや孤独感，疎外感，他人を拒絶するなど。
5. 精神的悲嘆（なんとかしようと頭で考える）：喪失を避けようと取り引きをする，愛するものの死に意義ある解釈を求める，死んだ愛するものに関する超常的な夢を見る，終わりの儀式（葬式など）をしたがるなど。

事を欠勤した。1か月間，人とコミュニケーションがとれなかった（慰めてほしくなかった)。とにかく涙が止まらなく外出をしなかった。1人でお留守番をさせたことが結構あり，いなくなってからそのときのことを後悔した」と語っています。このように，悲嘆の反応は様々な面に現れる可能性があります。

筆者は，犬を喪失した19歳～68歳の飼い主を対象に質問紙調査を行いました。直後と現在の喪失に対する思いを自由記述で回答してもらい，カテゴリ分析を行った結果，表5-3のようなカテゴリに分類されました。喪失直後と現在のカテゴリの増減をみてみましょう。特に差が大きいものを以下にあげます。

喪失に伴う悲哀の中で頻度の多いものは，悲しさや寂しさなどの「悲嘆感情」，犬に対する自責感・罪悪感（世話，治療法，死に目に会えない）などを抱いている「後悔」でした。喪失直後もこの2つのカテゴリの頻度が多い結果となりました。また，この喪失直後に多くの飼い主が経験する「悲嘆感情」は徐々に

▼表5-3　ペット（犬）の喪失直後と現在のカテゴリの増減

カテゴリ割合の変化	カテゴリ
消失するカテゴリ	「悲嘆感情」…悲しさや寂しさ等の飼い主の悲嘆感情 「他の家族を気にかける」…他の家族の心配をする 「自身のネガティブ行動」…犬に関する話，テレビ，写真を見ることができない
減少するカテゴリ	「後悔」…犬に対する自責感・罪悪感（世話，治療法，死に目に会えない）などを抱いている 「喪失時のエピソード」…臨終・失踪時の詳細な説明 「悲嘆反応」…涙が止まらない，眠れない，食べられない，無気力など 「犬の気持ちの否定的推測」…犬の気持ちを推測し否定的にとらえる 「否認」…死の実感がない
増加するカテゴリ	「今後の飼育に対する心構え」…今後の犬の飼育，現在のペット飼育に対する心構え 「弔い」…火葬する，埋葬する，墓を作る，葬式をする 「天国のエピソード」…喪失した犬の死後に関すること 「犬に対する思慕の情」…犬のことを忘れ難く，関連あるもの（写真，他の犬，場所）を見て思い出す 「犬の存在の大切さの実感」…犬に感謝する 「もう飼えない」…もう飼えない，飼いたくない 「犬から学んだこと」…犬から学んだこと。生命観，養護性，子どもの情操・死の教育，責任感など 「犬との楽しい思い出」…犬との過去の楽しい思い出
出現するカテゴリ	「思い出」…犬のことが思い出となった 「次の犬を飼うきっかけ」…次の犬を飼育することになったきっかけ

注)「　　」はカテゴリ名。

消失していくと考えられました。

その他に消失していくカテゴリは,「他の家族を気にかける」「自身のネガティブ行動」です。また,頻度が減少するものは,「後悔」「喪失時のエピソード」「悲嘆反応」「犬の気持ちの否定的推測」「否認」でした。一方で，喪失直後から現在の悲哀で頻度が増加するものは，「今後の飼育に対する心構え」「弔い」「天国のエピソード」「犬に対する思慕の情」「犬の存在の大切さの実感」「もう飼えない」「犬から学んだこと」「犬との楽しい思い出」であり,喪失直後になかったもので出現したカテゴリは，「思い出」「次の犬を飼うきっかけ」でした（表5-3)。喪失時の否定的な感情や後悔などの悲嘆は徐々に喪失していくと考えられます。反対に，弔いや天国のエピソード，犬への思いや感謝，楽しい思い出などの肯定的な面が増加していきます。さらに，生命観，養護性，子どもの情操・死の教育，責任感などの学びを実感していきます。このことは，後述するグリーフワークから回復･適応に移行していく過程と考えられ，さらには，ペットロス経験による人格的成長に至ることが示唆されます。

3. ペットロスの悲哀の心理過程

筆者は，ペットの喪失に伴う悲哀を明らかにするために，心理尺度を作成しました。犬や猫を喪失した飼い主を対象に質問紙調査を行い，因子分析を行った結果，2因子20項目からなる「コンパニオンアニマル（ペット）喪失悲哀尺度」が構成されました（表5-4：濱野，2007)。

項目の性質を考慮して，第1因子は「否定的感情」，第2因子は「抑うつ」と命名しました。第1因子は,ペットと暮らしていたときのしてあげられなかったことに対する後悔，自責感情，悲嘆感情に関する内容でした。第2因子は，無気力，悲嘆に対する身体反応，不安に関する内容でした。尺度の項目をみてみると，第1因子の8項目中6項目が後悔や自責の念に関する項目で構成されています。子どもの喪失に関しては，正常な悲哀の過程で，より多くの親が病気の初期の症状に十分な注意を払わなかったことについて自分を責める(Bowlby, 1980)，母親は「罪意識」が特に強い（鈴木，1994）と報告されています。3年以内にペットを喪失した夫婦に調査した結果，夫はペットの喪失は親友の死に値するストレスと評価し，妻は子どもを喪失したときと同様のスト

▼表 5-4　コンパニオンアニマル（ペット）喪失悲哀尺度（濱野，2007）

教示：そのペットをなくした後，そのペットを亡くしたことが原因で，以下の質問の状態は，現在のあなた自身に，どのくらいあてはまりますか。
回答方法は，「非常にあてはまる」「かなりあてはまる」「ややあてはまる」「あてはまらない」の4件法にて評定する

第1因子「否定的感情」
もっといろいろしてやればよかったと後悔している（23）
もっと一緒にいてあげればよかったと後悔している（21）
もっと世話をしてあげればよかったと後悔している（20）
もっと治療してあげればよかったと後悔している（22）
ペットのことを思い出すと悲しい（1）
ペットのことを思い出すと寂しい（2）
ペットの最期に，立ちあえなかったことを後悔している（24）
ペットは，自分の責任で亡くなったと思う（15）
第2因子「抑うつ」
他のペットが出ているテレビをみることができない（8）
食欲がない（12）
なにもやる気がしない（13）
ペットのことを思うと涙が止まらない（10）
他人と話したくない（5）
眠れない（11）
ペットの写真をみることができない（9）
ペットに関する話ができない（7）
ペットのことは考えたくない（4）
ペットのことを思い出すとつらい（3）
気分が落ち込む（17）
ペットが亡くなったことで，他の家族が心配だ（6）

注）文末の（　）内の数値は質問項目の順序を表す。

レスだと評価していました（Gage & Holcomb, 1991）。また，罪悪感は，コンパニオンアニマル喪失に伴う一般的な特徴であり（Podrazik et al., 2000），悲嘆の兆候として罪悪感をあげています（Planchon & Templer, 1996; Planchon et al., 2002）。飼い主の保護責任の下にある子どものような存在のペットの喪失が，飼い主に罪悪感や自責の念を強く意識させると考えられます。また，「私たち家族に飼われて本当に幸せだったのだろうか，最期は苦しくなかったのだろうか」などの問いを自問自答する飼い主もいます。このようなことは，答えが出ない問いなので，遺された家族を苦しめることになります。

3節　どのように悲しみを乗り越えていくのか

1. ペットロスの悲哀からの回復・適応モデル

ラゴーニら（Lagoni et al., 1994）は，シュナイダー（Schneider, 1984）の理論を用いて，「喪失の初期認知，喪失への対処，別れを告げる，喪失の苦痛に満ちた認識，喪失からの回復，悲嘆を通した個人的成長」の段階を提唱しています。また，サイフェ（Sife, 1998）のペットロス後の悲嘆の過程「The Phases of Grief」は，「ショックと不信」「怒りと疎外と敬遠」「否認」「自責の念」「抑うつ」「解消もしくは終結」の6つの位相があると解説しています。以上のように，ペットロスの悲哀の心理過程においても，多くがフロイト（1917）の「モーニングワーク」，キューブラ＝ロス（1969）の「死にゆく過程の心理的段階」，ボウルビィ（1980）の「悲哀の心理過程」のモデルを用い，臨床ケース，喪失事例を考察しています。悲哀の心理過程は，愛着対象の喪失に伴うものであるので，愛着対象が人であってもペットであっても同じような悲しみの心の動きをすると考えられます。

以上のペットロスの悲哀の心理的過程にウォーデンの課題モデル（Worden, 2008），シュトレーベとシュット（Stroebe & Schut, 1999）による死別への対処の二重過程モデルを組み入れて，さらに，筆者の研究結果を加えて，まとめたものを図5-3に示します。

ペットが亡くなったと聞いたとき，もしくは，いなくなってしまったとき，「そんなはずはない，うそだ」と喪失の事実を否定したくなり放心状態になります。また，ペットが重篤な病気であると宣告を受けたときもこのような心の動きがはたらきます。これは，あまりにもショックを受ける出来事なので喪失の事実を否認することで，心を守ろうとする正常な反応です。キューブラ＝ロスの「否認」にあたると考えられます。また，ウォーデンの課題の1つとして，喪失の事実を受け入れるというものがあります。この喪失の事実に向き合わないと回復・適応の方向に進めません。鋭いナイフで心を切りつけられ，もしくは切れないナイフで何度も何度も心を切り刻まれたのに何も感じない，自分だけが取り残されて世界はいつもどおりに動いている，時間が凍ったようにも感じるでしょう。喪失はまぎれもない事実なのですが，事実を受け入れるということは，

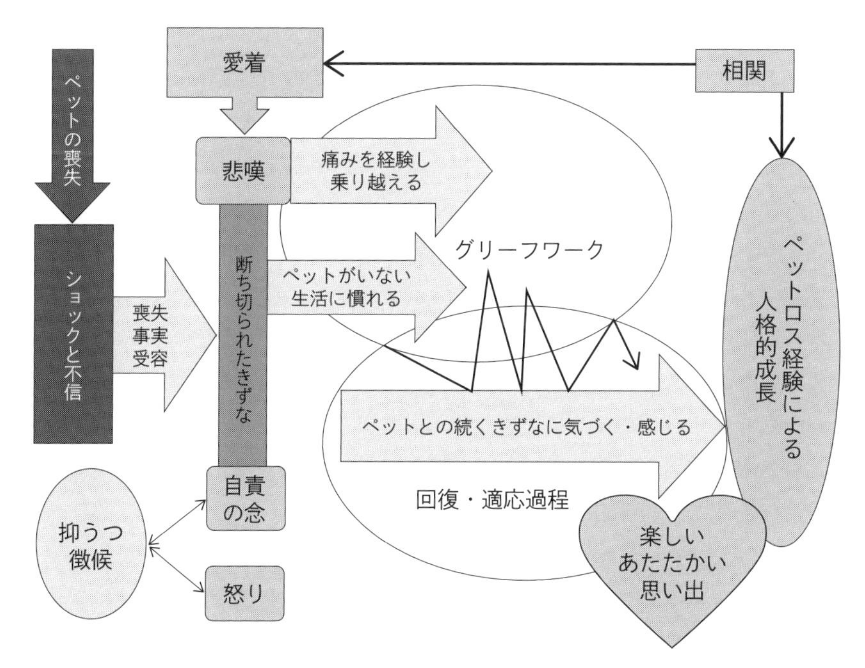

▲図 5-3　ペットロスの悲哀の心理過程

その大切なものを本当に失うことを認めてしまうことになるからです。ここで，死に目に立ち会うことがよいとされている理由は，目の前で亡くなるのを見ているため長期間，喪失の事実を否定しなくなり，喪失の事実を受け入れることに役立つからだといわれています。また，臨終に立ち会ったある飼い主は，「可哀そうで見ていられないだろうから臨終には立ち会いたくないという気持ちもあったのですが，やはりａちゃんは，家族全員に看取られたかったのだと思います。そして１つの命を引き受けたからには，最期までしっかり現実として見届けてあげることが飼い主の義務であると痛感しました」と語っていました。つらいけれども最後まで看取るという義務を果たし，すべてをやりきったという自負の気持ちもあるでしょう。

そして，徐々に喪失の事実を受け入れていきます。繰り返し別れのシーンを思い出すかもしれません。否定しながら，とまどいながらも，喪失の事実をそっと垣間見て，受けた心の傷に気づき，痛みにのたうちまわり愕然とするでしょう。そして，まだ生きているはずだと安心を得るために，振り出しに戻ってみたりするでしょう。このような過程を行ったり来たりしているうちに，心を占める割合で，喪失否定の部分が多かったのが，喪失の事実を認識する部分が多くなっていきます。そして，徐々に事実を受け入れざるを得なくなっていきます。そこで，実際のペットとの別れを強く感じることでしょう。

そうすると,「なぜ自分だけがこのような目に遭わなくてはいけないのか」「動物病院の過失ではないのか」「他の家族が悪い」等，言いようのない怒り，ぶつける方向性を見失った怒りに襲われることがあります。怒りは，その死に関わったと考えられる周囲に向く場合，自分が失ったものを持っている人に向く場合があります。この怒りは正常な反応であり，大切なペットを失ったことに対する怒りなのです。周囲にとって対応が難しい時期ですが，そっと見守ることで，後々その誠意ある態度に気づいてくれるときがくるでしょう。時には，自分に怒りが向く場合もあります。

前述の「コンパニオンアニマル（ペット）喪失悲哀尺度」でも否定的感情の中に様々な後悔の項目がありました。中には「もっといろいろしてやればよかった」など，特定の理由のない後悔もありました。どんなにペットのために尽くしていても，ほとんどの人が罪悪感や自責の念，すなわち，大切にしていたペットを助けてやれなかった，守ってやれなかったという「すまなさ」の気持ちを抱くのは当然のことでしょう。これらの怒りや自責感は，抑うつ徴候と関連しているといわれています。抑うつ状態とは，気分が落ち込み，憂うつになり，何もやる気がなくなってしまうことです。また，悲しみ，痛み，落胆，絶望などの悲嘆感情，体調が不調になる，うまく考えることができない，周りの人とうまくやれない，なんとかしようと頭で考えるなどの悲嘆反応も経験するでしょう。この悲嘆を強くするのは愛着の強さです。ペットを愛していたゆえの悲しみ，痛みなのです。なぜ，このように苦しむのか，愛情を注がなければこんなにも苦しまなくてもすむのではないのか，と思うかもしれません。しかし，その悲しみのためにともに暮らしたことを後悔するのではなく，ペットと暮らしてよかったといつか思えるように，ペットと暮らしているときにせいいっぱい愛情を注いで楽しむことが，別れに直面したとき，その後の希望につながるでしょう。また，このペットとの強い愛着が，回復・適応した後の人格的成長を促進し，喪失した後も続くきずなを結んでくれる架け橋となるのです。

グリーフワークが進んでいく中でこれらの悲嘆の痛みに向き合い，日常の生活を続け，ペットのいない生活に慣れていき，これらのグリーフワークと回復・適応プロセスを行ったり来たりしながら適応していきます。その途上で，いなくなったペットとの続くきずなに気づき感じていくことでしょう。そして，ペットのことを思い出したときに，悲しみや苦しみは溶けてゆき，それを上回る楽しいあたたかい気持ちとなっていくでしょう。そうなるとペットは心の中に生きていて，思い出すといつでも会える，人生を見守る存在となってくれるのです。さらに，失ったペットが与えてくれたものやいのちの大切さを実感し，他者の悲しみへの共感性が増し，人間的に成長する経験となるのです。

2. サポートになるもの

前述のようにペットロスは公に認められにくい悲しみです。中には，本人も認めにくい場合もあります。「ペットが死んでこんなに悲しいなんて，私はおかしいんじゃないか」「仕事も手につかないほど落ち込む自分は異常なんじゃないか」と，悩んでしまう人もいます。家族の一員であるペットを失ったのですから，悲しむのはあたりまえのことです。自分が悲しむことを認めてあげましょう。また，喪失から何年経っても悲しみを抱えている人もいます。喪失の悲しみは個々人と，喪失したペットとの関係によって異なります。無理にペットのことを忘れる必要はありません。自分のペースで進んでいけばいいと思います。

ペットを喪失した飼い主を対象に行った調査では，支えてくれた人として，家族，友人，獣医師，動物看護師があげられていました（濱野，2007）。悲しみは分かち合うことで軽減し，ともに寄り添ってくれる人の存在が立ち直りに貢献すると考えられます。したがって，このような周囲の人たちの対応が重要になってくるのです。喪失直後は，どのような慰めも受け入れられないかもしれません。しかし，後々，その人を思う優しさや思いやりが心に届くときがくるのです。また，人だけではなく，飼っている他のペットが支えてくれたという語りもありました。言葉を話さず無条件に受け入れてくれるペットの力，悲しみを分かち合うことがサポートとなるのでしょう。

一方で，「ペットにとって，これでよかった」「ペットの人生は，きっと幸せだった」と思うことができることが，悲しみを乗り越えるのに役立っていると考えられました。これについては改めて，第6章3節の【事例2】で詳しくふれます。

第6章

ペットとの別れに影響する要因

1節　ペットロスの悲哀に影響を及ぼす要因

1. ペットとの愛着とペットロスの関連

ペットロスに伴う悲哀の心理過程に影響を及ぼす要因は何でしょうか。プランションら（Planchon et al., 2002）は，「Pet Loss Questionnaire（ペットロスアンケート）」を用い，犬，猫を喪失した飼い主の悲哀を測定し，悲哀の程度に影響を及ぼす要因を検討した結果，ペットへの行動的変数より，心理社会的変数が関与していました。犬を亡くした飼い主は，一人暮らし，女性，死への抑うつ感が高い，ペットへ関わりがより密接しているといった場合に悲哀の程度が高く，猫を亡くした飼い主は，喪失時の年齢が低い，死への抑うつ感が高い，ペットとの関わりがより密接しているといった場合に，悲哀の程度が高かったと報告しています。さらに，ブラウンら（Brown et al., 1996）は，青年とペットのきずなとペットロスについての調査を行った結果，ペットと深いつながりを結んでいる青年の方が，強い悲哀を経験したと報告しています。また性別における差異については，きずなの程度は全体としては男子より女子の方が強いが，男子の中にもきずなが強い者もいれば，女子の中に弱い者もおり，死別の悲嘆は概ね男子よりも女子の方が強かったという性差を報告しています。

以上のように，ペットロスの悲哀の心理過程に影響を及ぼす要因としては，そのペットへの愛着の程度が関与すると考えられます。先行研究では，ペットへの愛着を Pet Attitude Scale（Templer et al., 1981），Pet Attachment Survey（Holcomb et al., 1985），Companion Animal Bonding Scale（Poresky et al., 1987）などの心理尺度を用いて測定しています。多くの研究が，ペットへの愛情が強いほど悲嘆感情も強いという結果を見出しています。また，性別では男性より女性の方が悲嘆感情が強かったと報告しています。性差に関しては，文化的に女性は男性よりも感情を表出することができるためであるとブラウンら（Brown et al., 1996）は考察しています。これは，伴侶を喪失した妻を対象とした研究（Bowlby, 1980）も同じような考察を述べていました。さらに，ペットの喪失原因の違いによる悲嘆感情の違いも考慮しなければならないでしょう。小此木（1979）の「強いられた対象喪失」と「自分が引き起こした対象喪失」という分類にもあるように，ペットの喪失原因，喪失に自分が関与する度合いが，自責感や，他者への怒りにも影響を及ぼすと考えられます。

2. ペットと人の喪失の異なる点

ペットの喪失と人の喪失とで異なることの１つは，「動物が死んだくらいで」とか「また別の動物を飼えばいい」という心もとないことばでさらに傷つけられてしまうことです。高柳・山崎（1998）は，動物の死と人の死の違いは，悲しみに対する周囲の理解が得にくいことであると指摘しています。また，ハーヴェイ（Harvey, 2000）は，「ペットロス」は，公に認められにくいため社会的なサポートがほとんどない喪失の悲しみの１つであると言及しています。飼い主にとって，ペットの喪失は大きなストレスであるけれども，他者からは代替可能な単なる動物の死と捉えられることが多く，周囲に理解されにくく軽視される傾向があるので，悲しみが増長されてしまうことがあります。反対に，こんなにいつまでも悲しみを引きずっている自分は異常なのではないかと思ってしまう人も多い（鷲巣，2008）というように，自ら悲しむことを否認してしまう飼い主もいます。愛着対象であるペットを喪失したときは，飼い主は深い悲しみに陥ります。その際に，十分に悲しむことができる環境や，周囲の理解やサポートがあれば，その悲しみは増長されることはなく，飼い主は回復・適応に向かっていきます。

次に異なると考えられる点は，ペットの場合は，安楽死という選択があることです。人の医療において，欧米の一部の国では安楽死は認められていますが，日本では違法になります。ペットの医療では，人の医療と異なり，意図的・積極的安楽死の選択があります。ペットの安楽死を選択する状況は，「外傷や不治の病のため，動物が苦しんでいる場合」「行動上の問題，特に攻撃性を持つ場合」「その動物のクオリティ・オブ・ライフが疾病や高齢のため著しく低下している場合」「健康な動物でも飼い主の都合で飼育できなくなった場合」の4つに分類され，実際は飼い主の経済的理由や環境により相互に変わることがある（尾形，1999）といわれています。

3. ペットの喪失原因による違い

ペットの死別原因として，老衰，病死，事故死，安楽死があります。これらの喪失原因により飼い主の悲嘆は異なってくるのでしょうか。もちろん，病死の場合は看護や介護期間の長さや状況が，ペットロスに伴う悲哀の長さや強さに影響してくるでしょう。プランションら（Planchon et al., 2002）はペットの喪失原因が，病気よりも，事故死，安楽死の方が，悲嘆は長期間続いたと報告しています。事故死の場合は，事故を予防できなかったことへの自責の念であり，ペットを安楽死させなかった飼い主の悲嘆が長かったことは，ペットの苦しみを取り除かなかったことに対して自分を責めるからだろうと考察しており，人の死と同様に，死の状況が悪い状況をより悪くする可能性があると述べています。

ペットの喪失原因別に飼い主の悲哀を検討するために，犬を喪失した飼い主を対象に質問紙調査を行いました（濱野，2004）。喪失からの経過年数は平均で7.7年でした。喪失原因は，病死，老衰，安楽死，失踪でした。「犬を喪失してどのような思いを抱いているか，犬や自分や他の人に対して，あるいはその他の何かに対して，思っていること，感じていること，考えていること」について喪失直後を想起して自由に記述してもらい，また現在についても同様に回答してもらいました。その結果，病死と老衰の悲嘆感情は表6-1のようになりました。

喪失原因が病死の場合，直後は，悲しみ，つらさ，自責感等の死に対する感情面の悲嘆や，泣く，眠れない等の身体面の悲嘆を示しており，死に直面したときの衝撃を述べていました。一方，現在では，責任感が身についた，子どもの情操教育に役立ったなど，犬を飼っていてよかったことを多く述べていた飼

▼表 6-1　病死，老衰によって犬を喪失した飼い主の回答

喪失原因	喪失直後	現在
病死	・ショック，衝撃 ・後悔 ・泣く ・自責感，罪悪感 ・寂しさ ・つらさ ・悲しさ ・むなしさ ・何もやる気がしない ・眠れない ・犬を探してしまう	・楽しかった，良い思い出 ・また会いたい ・責任感が身についた ・子どもに対して死の教育に役立った ・いま飼っている犬をかわいがろう ・懐かしい ・また犬を飼いたい ・子どもの情操教育に役立った ・犬に感謝している ・それ以来飼えない ・後悔
老衰	・悲しさ ・つらさ ・悲しみより，苦しまずにいけてよかったという安堵感 ・寿命をまっとうさせてあげたという満足感 ・悲しいけどしかたがない ・徐々に弱っていったので，死ぬまでの間に心の準備をすることができたのでショックは少ない	・楽しいことばかり思い出す ・ちゃんと世話をしたし，かわいがってあげて満足 ・老い，死を教えてもらった ・幸せな犬だった ・飼ったことは良い経験 ・自分が犬から得たものを子どもにも経験させたい

い主と，治療や世話に関して後悔している飼い主がいました。前者の飼い主は，犬を埋葬し，「これでよかった」と思うことにより犬の死を自分なりに受け入れ，さらに，犬と暮らした意義や死の意味づけを自分なりに考えていました。後者の飼い主は，犬の死をまだ受け入れきれずに後悔や自責感を抱いていました。

喪失原因が老衰の場合，直後は，悲しさ，つらさなどの感情面の悲嘆はあるものの，徐々に犬が弱っていくのを傍で見ており死を予期できるため心の準備期間があり，犬を最後まで看取ってあげたという満足感を述べていました。そして現在は，犬と暮らした意義や死の意味づけを自分なりに考えていました。

また，病死で喪失した飼い主は，「これでよかった」と回答するにとどまっていましたが，老衰で喪失した飼い主の中には，「あの犬は幸せだった」と回答している人もいました。つまり，老衰の場合は，寿命をまっとうしたことから犬は幸せだったと解釈でき，病死の場合は，これでよかったと，自分を納得させる努力をしていることが推測されました。病死と老衰で喪失した飼い主の中には，葬儀や埋葬を行っており，それが悲嘆感情を受容するのに役立ったと述べていました。

犬を喪失した直後では，愛する犬と別れたことに関する悲しみ，つらさ，寂しさ，ショックなどの感情は，どの喪失原因の飼い主も共通して持っていました。特に，失踪が喪失原因の飼い主は，衝撃を受け，「犬を探してしまう」「しばらく後に，いなくなったことを実感した」というように喪失を実感するのにしばらく時間がかかっていました。犬の死に立ち会っていないので，失踪当日の捜索の様子を詳細に述べ，いなくなったことが信じられずに探し回ったと回答していました。一方，老衰で喪失した飼い主は，犬が老い，徐々に弱っていく姿を目の当たりにするため，死を迎える心の準備が緩やかにできていたと考えられ，喪失の事実をすぐに実感していました。そして，犬が穏やかな死を迎えたため，悲しみよりも満足感を抱いていました。

まとめると，現在では，病死で喪失した飼い主は，犬との楽しかった良い思い出や，責任感が身についた，子どもに対する死の教育に役立ったなどのペットロス経験による人格的成長と，「もっとかわいがってやればよかった，もっと治療してやればよかった，もっと散歩させてやればよかった，もっと一緒にいてあげればよかった」等の後悔や自責感情を抱えていました。現在肯定的な感情を持っている飼い主は，「これでよかった」と受け入れ，また，お葬式や別れのセレモニーを行い，犬と暮らしてよかった思い出が回復・適応へのサポートとなり，さらに，犬の死を通して学んだことへと思いが至っていました。一方，現在否定的な感情を持っている飼い主は，後悔や，自責感を述べるにとどまっていました。つまり，犬と暮らしているときから納得のいく世話や治療を行うことが，ペットを喪ったときの回復への一助となるでしょう。また，別れのセレモニーや葬儀を行うことが，悲哀からの回復に役立っていたと考えられました。老衰で喪失した飼い主は，満足感や，達成感，子どもに対する死の教育，子どもの情操教育に役立った等をどの飼い主も述べていました。また，病死で喪失した飼い主は，「これでよかったのだ」と自分自身で納得しようとしていたのに比較して，老衰で喪失した多くの飼い主が，「あの犬は，幸せだった」と述べており，老いを傍で見ることにより自然に死を受け入れ，最後まで看取ったという満足感から，犬の一生を幸せなものとして捉えることができたのでしょう。

2節　ペットの高齢化と介護

ペットはかわいらしいその容貌から，いつまでも子どものような存在に思えますが，確実に人よりも早く年を重ねていきます。「犬および猫でしばしばみられる老化の徴候は，活動性の減少，一過性記憶喪失，習得能力の減少，集中力の低下－注意力の減退，協調性運動の減退，刺激に対する反応遅延と減退および反射反応の減退，しつけの喪失，家庭環境，コンパニオンとしての認識の破たん，性格と他の行動異常，睡眠時間の増加がある」（Davies, 1996 ／内野, 1997）といわれています。

ペットの高齢化に伴い，様々な病気のリスクも増えています。ペットが病気になれば，家族の心理的身体的な負担はもちろん，治療費などの経済的負担も大きくなってきます。それでも，家族の一員であるペットを最期まで介護し看取りたいというのが多くの家族の願いでしょう。

中でも認知症は，家族の介護の負担が大きいと考えられます。ペットの場合，認知機能不全（いわゆる認知症）は，「医原性変化に由来しない，加齢に伴う脳の退行性変化による進行性の認定力低下を原因とした行動変化の総称である」とのことであり，犬は16歳以上で60％前後が罹患しており，猫は14歳以上の症例報告があるそうです（南，2015）。

ペットの認知症に関しては，アメリカ精神医学会の統計診断マニュアル（DSM）を参考に，「高齢化に伴って一旦獲得した学習および運動機能の著しい低下が始まり，飼育困難となった状態」（内野ら，1995）と定義されています。その診断基準は，食欲，生活リズム，歩行異常，排泄異常，感覚異常，姿勢の異常，鳴き声，感情表出，相互関係，状況判断の10項目です。この診断基準をもとにした犬の痴呆症（認知症）のテストが以下となっています（動物MEリサーチセンター，2000）。

①夜中に意味もなく単調な声で鳴き出し，制止しても鳴き止まない。
②歩行は前進のみ円を描くように歩く。
③狭いところに入りたがり，自分で後退できないで鳴く。
④飼い主も自分の名前もわからなくなり，何事にも無反応。
⑤よく寝てよく食べ，下痢もせずやせてくる。

しかし，動物医療の現場では，脳画像診断等で確定診断までは行わないことが多いようです。また，「犬では臨床面から1つにまとめられており，これ以上細分化はされておらず，また病理像においても明確な定義は未だされていない。一般的には昼夜逆転や夜鳴きなど日常生活に支障をきたすようになった病態を認知症や痴呆と呼称しているのが実際である」（水越，2017）とされていますので，確実な診断というよりは，高齢になって他の病因がない場合，認知症様の症状を表している状態を捉えることが多いようです。行動や症状の対処療法を中心とした治療と介護は，獣医師と動物看護師，飼い主と家族がチームとなり相談しながら向き合っていくことが重要なのです。

では，実際に認知機能不全の状態の犬を介護したAさんの事例をみてみましょう。

ペットの犬のaちゃんが，15歳のときです。夕方に突然，雨が降り雷も鳴り始めました。そのとき，aちゃんは，庭にいたのですが，そこからすごい鳴き声が聞こえてきました。急いで庭に行くと，呆然と立ちつくしたaちゃんがいました。心配で様子を見ていましたが，1日中，大きな声で鳴き続け，家族は動転して見守ることしかできませんでした。明け方には眠りましたが，また，夕方になると吠え始めてしまいました。思い返すと，15歳になった頃から呆然とすることが多くなり，今までできたことができなくなってきたので心配でかかりつけの動物病院に相談したところ，認知症の可能性があると言われました。それから，介護が始まりました。認知症の介護はたいへんであるという知識はありましたが，これほどたいへんだとは思ってもみませんでした。

昼は，aちゃんはボーっとした状態で，眠っていることが多いのですが，いつも円を描く様な歩き方で，ちょっと目を離すと狭い所に入ってしまい，自分で出ることができずにパニックになっていました。その度に助けにいっていたのですが，それが1日に十数回もあるとたいへんでした。ケージを囲むようにして毛布でカバーして怪我をしないようにする方法を聞いて試してみましたが，結構力があり，ずれてしまいうまくいきませんでした。夕方になると無駄吠えが始まります。介護をして一番たいへんだったのが，無駄吠えの対応でした。単にうるさいだけではなく，夜であれば近所の人たちへの迷惑にもなってしまいかなりまいってしまいました。

獣医さんと相談して睡眠薬も処方してもらいましたが，効かなくなってきたり，量が増えたりして薬代も負担になってきました。

エサは消化の良いものを与えていましたが，介護開始の 2 か月後から，手にのせてあげないと食べなくなってしまったので，ご飯のときはつきっきりでした。さらに，足腰も弱って立てなくなり，排尿がうまくいかなくなったので，手助けをしたり，オムツをしたり，寝かせるために 30 分以上も抱っこしなければならなくなりました。しかし，どうしても眠らなくなり，家族で交代して徹夜で介護をしました。

このように，仔犬に戻ってしまったようになってしまいましたが，大きな違いがありました。a ちゃんの状態は悪化することはあっても，仔犬のように将来があるわけではなく，待っているのは死ということです。これは介護をするうえで，体の負担に加えて，大きな精神的苦痛でした。訳がわからなくなった a ちゃんをここまで苦労して世話をする意味があるか悩み，家族で言い争ったりしました。

その後，a ちゃんは，老化のため立ち上がれなくなり，暴れてしまったり，床ずれができてしまったりしました。このような状態で，a ちゃんのことを考えると，もうこれ以上この状態を続けても本当に a ちゃんは全然幸せじゃないという思いから家族で十分話し合い，意見が分かれたりもして，何度も泣きましたが，最終的には全員納得して，a ちゃんを眠らせてあげました。

大事に思っていてかけがえのない存在になっていたわけですから，安楽死を決めても，そのときがくるまで何度も悲しくて悲しくて仕方がない気持ちにもなりました。安楽死は家族全員の希望で立ち会いました。最期は，私が腕に a ちゃんを抱えて，腕の中で眠らせました。まったく苦しむことも怖がることもなく家族と一緒に，眠るように静かに亡くなりました。

注）プライバシーの保護のため，個人情報を取り除き何例かの事例を統合して作成してあります。

認知機能不全の症状を示す犬は昼夜の区別なく鳴き，一定方向にのみ歩き，それに対応する家族は疲弊してしまいます。身体的な負担ももちろん，この事例の飼い主のように，介護の先に回復というよりは死が待っていることが，精神的負担になると考えられます。人の場合では，認知症高齢者が増加し，さらに高齢化が進み介護期間が延長しています。認知症高齢者の介護を行っている家族が抱える困難として，大渕（1992）は「家族は認知症の病気や世話の知識が乏しく，介護を困難にしている」「家族は認知症高齢者の対応に苦慮し，混乱している」「家族は病気や世話の先行きについて不安を持っている」「介護の交替が得られず，孤軍奮闘している」「介護者の疲労が蓄積しており，心身ともに限界にある場合がある」「家族や親族間で世話について意見が異なり，トラブルがある」「認知症高齢者の行動に対して近所から苦情がある」「社会資源や諸サービスの理解に乏しく，活用に対して消極的である」という問題を家族が抱えていることを指摘しています（原文の痴呆性老人は認知症高齢者に変更）。高齢化が進むペットにも，今後このような介護問題がますます深刻な問題となり，動物医療関係者，地域，周囲の人の理解やサポートが重要となってくるでしょう。

最近の研究では，ペットの慢性的でターミナル期の長期的なペットの介護は，貧困な生活の質と同様に，負担，ストレス，うつや不安の兆候をより示していました。その家族の介護負担は，心理社会的な機能を減少させ，さらに獣医師のストレスをも増やすと報告されています（Spitznagel et al., 2017）。ペットを介護している家族は人の場合と同様に身体的，精神的，経済的負担を抱えていることを社会や周囲が認知し，孤立させずにサポートや情報を提供することで，介護をしている家族の介護負担感を軽減することが今後の課題といえるでしょう。

3節　複雑なペットロス

1．病理的悲嘆

ペットを亡くした飼い主の多くは，十分な時間は必要ですが，悲しみを乗り越え，ペットがいない生活に適応していきます。しかし，中にはうまく回復しない飼い主もいます。このような対象喪失に伴う悲嘆を病理的悲嘆（Pathologic Grief）といいます。ジェイコブス（Jacobs, 1993）は，遺族が，慢性的で強い抑うつや分離の苦痛もしくはその両方を経験している状態を病理的悲嘆と定義しています（Harvey, 2004）。または，正常悲嘆と区別して複雑性悲嘆という場合もあります。瀬藤（2010）は，「一致している見解として，6か月以上の期間を経ても強度に症状が継続していること（期間），故人への強い思慕やとらわれなど特有の症状が苦痛で圧倒されるほど極度に激しいこと（症状），そして，それらにより日常生活に支障をきたしていること（生活への支障）の3点が重要視されている」と述べています。

DSM-5では，今後の研究のための病態の１つとして，「持続性複雑死別障害(Persistent Complex Bereavement Disorder)」をあげています。親しい関係にあった人の喪失を経験し，12か月（子どもでは６か月）経過した場合のみ診断され，正常な悲嘆と区別されます。故人への持続的な思慕，深い悲しみと情動的苦痛，故人へのとらわれ，その死の状況へのとらわれの少なくとも１つがある日の方が，ない日よりも多く，臨床的に意味のある程度続いているとしています。症状としては，死に反応した苦痛，社会性・同一性の混乱の諸症状があげられています。

この病理的悲嘆の状態の場合は，精神科医師や臨床心理士，公認心理師などの心の専門家の介入が必要であると考えられます。

2. 突然の別れ

ラゴーニら（Lagoni et al., 1994）は，ペットの喪失に伴う悲嘆を複雑にする飼い主側，喪失状況，サポート等の要因をいくつかあげ，その１つに喪失原因の予期しない失踪をあげています。そこで，ペットを突然の失踪で失った飼い主の面接調査事例を２つ紹介しましょう（濱野，2002)。

【事例１】

Aさんは，インタビュー時点でペットの犬が失踪してから11年が経過していました。Aさんは，「まだ生きているかもってずっと信じている」「似ている犬を見るとあの子じゃないかなと思う」と喪失の事実を受け入れるのは難しいようでした。「忘れようとするのではなく，忘れないようにしてる。自分が何もできなかった。なんか，罪ほろぼしなんだけど」と語っていました。本人の落ち度で失踪したわけではありませんが，強く自分を責めていました。また，「まだ忘れられない。時々思い出し悲しくなる」「どんな犬を飼っても，悲しみは癒やされない」と語っており，10年以上経った今でも喪失の受容の困難さがうかがえました。

【事例２】

Bさんは，インタビュー時点でペットの犬が失踪してから19年が経過していました。失踪直後は，家族で必死に探し回ったそうです。その後，弱った犬が動物愛護センターに収容されて亡くなったと聞いて，それが自分の犬かもしれないと思ったそうです。「急に思い出すと，今だったら死んでいる年齢なんだけど，いまだに不安でね。時々心配になるときがある。普段はほとんど思い出さないんだけど，1回思い出したら急に不安で眠れなくなっちゃった」「最後はそういうふうに死なせてしまったっていう悲しい気持ち，申し訳ない気持ちだった」と語っていました。

▸▸▸ Bさんのその後

「動物愛護センターでそういうことがあって帰り道に，30センチくらいの石があったの。その石があの子の振り向いた顔にそっくりだったのね。もうほんとにあの子みたいだったから，振り向いた顔にそっくりだったから，“わあ，あの子だ”っていうふうに家族全員がみんな思ったのね。それで，石の振り向いたあの子の表情が優しいのね。穏やかな顔で振り向いてたのね。センターの帰り道で。だから，あの子のことを思い出すと悲しくって不安な気持ちになって朝まで考えているんだけど，結局，大丈夫と思うのはその石のことを思い出すと，あの優しい表情を見ると，あの子はね，きっと今頃天国で幸せなんだよっていうことを石でね，私たちに教えてくれたんだなって思うと，急に私の心が穏やかになってくる。きっと幸せなんだって思える。あの子が私たちのために石をそういうふうに見せてくれたんだって思う。だから，あの子は結局私たちのことを思っていてくれたし，あの子に申し訳なかったな，なんて。あの子は全然“そんなこと気にしなくていいよ”って言ってるんだと思ったりする」。

これらの飼い主は普段は問題なく生活していましたが，ふと思い出したときに悲しみや不安，罪悪感を抱えています。この場合，二重過程モデルでいえば，喪失志向では，喪失の事実を受け入れられずとどまり苦悩していますが，回復志向では，普段の日常生活を続けていると考えられます。

Bさんの場合は，見かけた石を亡くしたペットからの肯定的なメッセージとして解釈することが回復に向けてのサポートとなっていました。また，別の飼い主は，「亡くなった両親のところで，ペット（犬）の親子は生前同様，物を口で運んだり，背中にまわって肩たたきの真似をしたりして遊んでいると思います」と語っていました。亡くなった後のペットの幸せな姿を想像できることが飼い主を穏やかな気持ちにしてくれるのでしょう。これらの真偽を追跡することは重要ではなく，当人がどう考えているか，感じているかを尊重することが重要なのです。一緒に暮らしていたときのペットとの関係性や愛着が，このようなメッセージや穏やかに感じることに寄与しているのでしょう。

突然の別れの場合は，予期できないことから心の準備ができていないことが特徴です。病気を患っている場合は，悲しいけれど，もしかしたら死ぬのではないかと否定しながらも徐々に喪失のことを考え始めます。しかし，突然の別れの場合はその心の準備ができないのです。また，どのような喪失原因であっても喪失直後は信じられないという気持ちになりますが，突然，関係が断ち切られ，死んだことを確認できていないのですから，その分，信じられないという気持ちも強く長引く場合が多いでしょう。坂口（2012）は，行方不明の喪失の場合を“あいまいな喪失”と呼び，「生死不明の状況の場合，悲嘆の過程は凍結され，始められない。残された人は，状況の不確実性の継続に困惑し，無力感や，抑うつ，不安などを示しがちであり，思いのすれ違いから家庭内で対立が生じることもある」としています。さらに，保護者のような飼い主がペットがいなくなったことに責任を感じて強く自分を責めるのは当然のことでしょう。

では，不慮の事故でペットを突然亡くした場合はどうでしょうか。ペットを散歩中の不慮の事故で亡くしたある飼い主は，そのとき散歩に連れていった他の家族に強い怒りを抱いていました。

突然死の場合，特に事故死や急死等が原因で亡くした遺族の特徴としてウォーデン（Worden, 2008／山本，2011）は6つの特徴をあげています。その中から，ペットロスに関連すると考えられる5つを簡単にまとめて紹介します。

①喪失の非現実感：多くの場合，その突然の喪失が現実ではないかのような感覚を抱く。
②自責感・罪悪感の激化：強い罪悪感を感じやすい。自分の過失を責める。
③他罰的な欲求：誰かを責めたい。非難したい欲求が強くなる。
④無力感：内面に引き起こされる無力感。突然死のインパクトは私たちの力の感覚や秩序の感覚を打ち砕く破壊力を持つ。この無力感が怒りと結びつき，医療関係者やその死に関わった人に向けられる場合がある。
▸▸▸不穏・焦燥感　突然死によるストレスが，逃亡か闘争かの反応を引き起こし，激越性うつ病にまで進展するかもしれない。

▸▸▸やり残しの課題　してやれなかったこと等のやり残したことが頭を駆け巡り，大きな後悔をもたらす。

⑤理解したいという欲求：死の意味を理解したいという欲求が特に強くなる。

正常な悲嘆と病理的悲嘆を区別することは重要ですが，正常な悲嘆であっても人によっては，喪失の状況によっては，回復までに長い時間がかかる場合があります。日常生活に支障があるかどうかが心の専門家のサポートが必要かどうかの１つの指標となるでしょう。ラゴーニら（1994）は，喪失の重要さによっては，正常な悲嘆の過程でも何年も続くことさえあるとしています。また，宮林（2003）は，伴侶の死の研究結果から，対象喪失を受け入れるための変化時点は，平均で4.6年かかるとしています。ペットの喪失の変化時点も約５年であるという結果が得られました（濱野，2007）。このように対象喪失から回復するまでには，長期間かかる場合もあれば短期間の場合もあります。それは，喪失対象との関係性や自身の中で喪ったペットとどのように意味づけるか，折り合いのつけ方は１人ひとり異なるからです。大切な対象を失うことは，とてもつらく悲しい，苦痛に満ちた経験です。そこから抜け出すためには多くの時間とエネルギーが費やされます。しかし，それは亡くした対象がとても大切だったからにほかなりません。したがって，時間をかけてゆっくりと自分のペースで折り合いをつけていく必要があるでしょう。

3. 安楽死（Euthanasia, Put sleep to）

人の医療において，欧米の一部の国では安楽死が認められていますが，日本では違法になります。ペットの医療では，人の医療と異なり，意図的・積極的安楽死の選択があります。患者に対する十分な情報提供と患者による今後の治療法の選択をインフォームド・コンセントといいます。獣医師は動物の症状に合わせた最善の治療方針を提示します。これをふまえて，獣医師とペットの家族で相談し，最終的に家族が決定します。高柳・山崎（1998）は，安楽死を決定するにあたってすべきこととして，「動物にとって最良の選択なのか」「最終的な決定権は飼い主およびその家族にある」「安楽死の方法やプロセス，その時動物はどうなるのかなどについて獣医師から説明を受ける」「どこで安楽死を行うのか」「動物の死後，遺体をどうするのか」をあげています。安楽死は飼い主にとって，苦汁の選択になりますので，悲しみを助長しないように信頼関係を築いている獣医師と十分に話し合うことが必要です。また，家族全員で一致して決定することがその後の家族関係や悲嘆からの回復に有効にはたらくでしょう。

ペットロスの調査（濱野，2004）結果から，安楽死によって，犬を喪失した飼い主の事例を紹介しましょう（表6-2）。

ペットにとって安楽死が最適な選択であったとしても，飼い主は死を選択したことに対する責任感から，自責感情が苦痛を伴って続いていました。そして，安楽死の選択の責任は獣医師にあると考え，怒りが向けられていました。このようにペットの死に関わった動物医療従事者に怒りが向くことも少なくありません。しかし，この怒りはペットを亡くした事象に対するものであるとも考えられます。人の医療と違い動物の医療では，飼い主がペットの治療選択の決定者となります。ペットは自身の治療に関して自分の意志を示すことはないので，安楽死はペットが望んだ選択であったかどうかの真意（しんい）はわからず，永遠に得られない答えに向き合い，自問自答を繰り返します。そして，それは後々まで飼い主を苦しめることとなります。

▼表6-2　安楽死によって犬を喪失した飼い主の語り（濱野，2004をもとに作成）

〈男性・50代・2年・9年〉 淋しい思いをした。癌のため安楽死をさせたが，苦しむかもしれないが，最後まで生かしてやった方がよかったのか今も残念に思っている。
〈女性・30代・9年・4年〉 死んだ直後は「本当に悪いことしたなぁ」と思った。「本当にこれでよかったのか？」という思いで頭がいっぱいだった。自分たちを責める思いの方が，「これでよかった」という気持ちより強かった。その時は，「まさかあの獣医師は，金もうけのために安楽死をすすめたのじゃないか？」と疑ったりもした。今は本当にあの獣医師は犬のことを考えてくれたと思ってるけど。 「本当に安楽死でよかったのか？」の問いに対する答えは今もでていない。安楽死させなければ，今も生きている可能性も大きいし。だから，犬の介護用オムツのCMを見ると，ちょっとつらい。最後まで看なかったから。犬は幸せだったかな？　やっぱり不幸だと思って死んだのかな？　今もわからない……。 最近，近所の犬がみんな年老いて，次々と死んでいっている。飼い主は本当に悲しいだろうと思うけれど，私たち家族のように，自分を責めなくていいからまだましだと思う。犬も天寿を全うしたのだから幸せだと思う。

注）〈　〉内は左から順に，回答者の性別・回答者の年代・安楽死からの経過年数・飼育年数

本章1節でもふれましたが，プランションら（Planchon et al., 2002）は，犬や猫の喪失原因が，病気よりも，事故死，安楽死の方が，悲嘆は長期間続いたと報告しています。これは，自分が生き続けてほしいから，もしくは，他の理由で，安楽死を決定できなかったために，ペットを苦しみから救えなかったことに対して，自分を責めてしまうと考えられます。しかし，日本の飼い主の場合は，ペットに代わって，安楽死の選択を決定したことに関する自責の念と考えられます（濱野，2004）。このような生や死に対する考え方には，宗教，文化的背景，動物観の違いが影響を及ぼします。また，「天寿を全うする」ことを重視する多くの日本の飼い主にとって，どのような状態でも生きていることが最優先されるので，寿命を縮める安楽死に対して否定的な考え方を持っているともいえるでしょう。

安楽死の選択の際には，動物病院との信頼関係をもとに，納得するまで説明を聞き，家族の間で安楽死選択の意見を統一することが，その後の悲嘆からの回復をサポートするのに役立つでしょう。

さらに，考えなければならないのが，動物病院における獣医師や動物看護師のメンタルヘルスでしょう。人の医療や介護などの援助職では，バーンアウトが問題となり対応が必要とされています。欧米では獣医師の自死が社会的な問題となっています。その他の援助職と同じように共感疲労を抱えていることが推測されます。加えて，動物医療には安楽死の選択があること，治療方法の選択が飼い主にゆだねられていることがあります。安楽死に関しては，ペットが苦しんでおりQOL（クオリティ・オブ・ライフ）が損なわれて，治療法がない状態の場合は合意できるかもしれませんが（それでもつらい行為ですが），飼い主の都合（経済的に治療に限界がある，環境の変化や飼い主が病気で飼えなくなったなど）の場合はどれほどの葛藤を抱えていることでしょうか。人の医療の場合は，疾患ごとにある基準の治療目標があると考えられます。しかし，獣医療の場合はどこまで治療するかを決定するのは飼い主次第なのです。反対に，獣医療の立場から，安楽死が妥当であると考えるケースでも飼い主が最期まで生かしてほしいと望む場合はそうせざるを得ないでしょう。このような状況から，獣医療従事者のメンタルヘルスも視野に入れていく必要があるでしょう。

4. ペットを介した関係との別れ

人の医療の場合は，産科，小児科，内科，外科，歯科，眼科，皮膚科等に細分化され，必要に応じた病院を選択して通院しますが，動物医療の場合は，特殊な病気や状態を除いて，同じ動物病院で治療を受けます。また，健康診断やワクチン接種，フィラリア予防などの理由でも通院します。したがって，特別な事情がない限り，そのペットが産まれたときから死ぬまで同じ動物病院に通院します。飼い主とペットもそうですが，担当する獣医師や動物看護師にとっても長いつきあいになるのです。ところが，ペットが亡くなったとき，これまでペットの様々な相談にのってくれ，信頼関係を築き，一緒に闘病や介護に向き合った動物病院のスタッフとの関係が終わってしまいます。新しいペットを迎えた場合は関係が続く場合もありますが，ペットが亡くなったときにその関係はいったん終わります。亡くなったペットのことをわかってくれるスタッフに，その悲しくつらい気持ちを打ち明けたいと思っても，担当の獣医師や動物看護師との交流がなくなってしまうのです。これは，ペットを亡くしたことに続く喪失です。病院によっては，お悔やみカードを送るという対応をしているところもありますが，動物病院がペットを亡くした飼い主に時間をとって対応することは難しいでしょうし，他の人のペットが通院している動物病院に行くことは亡くしたペットを思い出しつらくなるので，ペットを亡くした飼い主は気が引けるでしょう。

一方，ペットを介して出会った人，犬の散歩で仲良くなった人とも疎遠になってしまいます。他の地域から引っ越してきたある飼い主は，犬の散歩で出会った自分より年配の人に，お互いに散歩させながら，子育ての悩み相談にのってもらったりしてずいぶん助けられたそうです。保育所や幼稚園の同年代の保護者同志で助け合うこともあるかもしれませんが，人生の先輩から教えてもらうこともあるでしょう。近所づきあいが希薄になり世代間交流が減少した現在において，ペットは他世代との交流も円滑にしてくれ，活性化してくれるのです。ペットの犬が亡くなると，散歩に行く必要もなくなり，散歩で出会った仲間との交流も断たれてしまいます。特に喪失直後には，他のペットを見るのもつらくなってしまうでしょう。しかし，時間をおいてそのペットを亡くした人の気が向いたときに，亡くなったペットの思い出を共有している仲間やそのペットと会うことで慰められることもあるでしょう。

ペットの問題行動治療

飼い主とペットの関係は，ワクチンや予防医療にかける費用（経済的投資）で推測されることもありますし，「あなたにとってペットは家族の一員ですか？」といったたぐいの質問表をベースにした調査から推測されることもあるでしょう。人間どうしの関係にも様々な局面があるように，飼い主とペットの関係も様々な角度から検証する必要があると思います。また両者の現在の関係性というものは，個々の要素が常に互いに影響し合った結果生み出されているものであり，例えば近年，ペットも人も長生きなので，ライフステージの変化，物理的環境の変化が関係性に直接的影響を与えることも少なくありません。

筆者が携わっている行動治療の現場では，それら両者の関係性の強さや変化がペットの問題の直接的なきっかけであったり，問題の予後に強く影響を与えたりするケースが多くみられるといっても過言ではないでしょう。よく経験する例として，例えば結婚前にそれぞれが自宅で飼っていた猫を連れて結婚後同居を始めた場合，飼い主の願いに反して，猫どうしが同居翌日から自然に相容れることはないということです。むしろ残念ながら，妻の猫が夫の猫を追いかけ回したり，その逆であったり，あるいは過去に自宅では絶対しなかった排泄場所の粗相がみられたりといったことの方が起きやすいでしょう。問題を起こす猫側の伴侶は，当然その猫をかばい，挙げ句の果てには相手側の猫の行動についてあれこれ責めることもよくあります。これは猫どうしの問題解決にはまったく効果がないばかりか，人間どうしの亀裂にもつながりかねないよくあるケースです。また泣く泣くどちらかの猫を実家に戻した場合，新居に残した伴侶方の猫とは心理的距離間があるため，猫もなつかずあまり愛着がわかない……といった悪循環が起きることも少なくありません。

楽しみにしていた飼い主の新生活が，一転してブルーな気分になってしまうくらい現在の飼い主とペットの関係の影響力は強いといえます。このようなつまずきを防ぐためにも，これからはペットの行動に対して各飼い主の一方的な解釈だけで判断するのではなく，専門家も交えてペットの立場からの適切な解釈に基づいた対応や準備をしっかり行う必要があるでしょう。

別のケースとして，出産を機に，これまでわが子のようにかわいがっていた犬への時間がとれなくなるが，夫はあまり犬好きではない，ということを憂えて相談に来られる方もいます。また，新生児を持つお母さんの中には赤ちゃんの衛生状態が心配で，出産を機にこれまで寝食を共にしていた愛犬との接触を突然一切断ってしまい，急激な環境の変化に犬が順応できないことも少なくありません。しかしこのような場合，夫と分担して世話を担当するうちに，それまで心理的距離間があった夫と犬の関係がぐっとよくなることも少なくありません。飼い主のライフステージの変化が別の関係性にプラスにはたらいた例といえますし，夫婦で分担して悩みや課題に対応したら犬の問題も軽減できた，あるいは解決した喜ばしい例といえるでしょう。

もちろん各症例は千差万別ですが，上記の例にもあるように問題行動の治療にあたっては，飼い主とペットの関係性を考慮して方針を立てる重要性をいつも感じています。

第7章

ペットロスの対応

1節　家族の心のケア：グリーフケア

1. グリーフケア

愛する対象を喪失した人は，深い悲しみに陥ります。それは，今まで垣間見たことのない底知れぬ深淵を覗き込むことでしょうか。闇の中では一切の光が見えず，狼狽し，わらをもつかむ心地で助けを求めるのでしょうか。すべてが色あせ，重い悲しみが包むとき，この悲しみと1人で向き合う恐ろしさにおののき，いなくなった大切なものに思いを慕らせ，ひとときの安らぎを得たとしてもまた，闇の中をさまようのでしょうか。それは繰り返し行われる儀式で，当人を苦しめつくしてもなおも逃れられない運命なのでしょうか。

そんな悲しみや苦しみに1人で立ち向かっているときに，そっと寄り添ってくれる人がいればどうでしょうか。もちろん，誰にも会いたくないと思う時期もあります。

対象喪失に伴う悲嘆をサポートする方法として，ウォーデン（Worden, 2008）は，グリーフカウンセリングとグリーフセラピーを区別して説明しています。グリーフカウンセリングは，通常の悲嘆に対して，悲嘆の過程を促進するためのサポートです。このカウンセリングは，カウンリングの訓練を受けた医師や看護師，臨床心理士，公認心理師，ソーシャルワーカーなどの専門家が行う場合や，専門家がボランティアを育成して行う場合，自助グループも含まれるとされています。一方，グリーフセラピーは，複雑な通常の範囲を超えた悲嘆反応を示す人のサポートで専門的な技術を用いる専門家が行うとされています。

一方，グリーフケアとは，「重要な他者を喪失した人，あるいはこれから喪失する人に対し，喪失から回復するための喪（悲哀）の過程を促進し，喪失により生じる様々な問題を軽減するために行われる援助」とし，家族全体をケアするという視点や，悲嘆反応の重症化や慢性化を予防するという視点を忘れてはならない（瀬藤，2010）とされています。それは，悲嘆の回復を支えるために，周囲の人たちが行う支援である（瀬藤，2016）としています。

グリーフケアには明確な定義はありませんが，悲哀の心理過程を促進し，回復に至るためのサポートを行うことです。それは予防から回復，さらにはその後におよぶ包括的なケアが必要となる場合もあるでしょう。誰が行うかといえば，心の専門家が行う場合，専門家から研修や訓練を受けて行う場合，自助グループなどがあげられますが，当事者に関わっている友人や家族なども含まれます。坂口（2012）は，グリーフケアを提供する者として以下をあげています。

①遺族どうし
②家族・親族・友人知人
③医療関係者・宗教家・学校関係者・葬儀関係者・司法書士や行政書士など遺族に接する職種の人々
④精神科医やカウンセラーなど精神保健の専門家
⑤その他（傾聴ボランティアなど）

ペットロスの場合では，医療関係者は獣医師，動物看護師になるでしょう。いずれにしてもサポートをする人の心構えとして，悲哀の心理過程に関する知識や，カウンセリングの基礎知識は持っていると役立つでしょう。さらに，複雑な通常の範囲を超えた悲嘆反応を示している人を心の専門職（精神科医，臨床心理士，公認心理師など）につなぐ心構えは持っていた方がよいと考えられます。

2. カウンセリングの基礎

カウンセリングとは，悩みや心に問題を持った人が，専門家に相談することです。狭義には心理療法や精神療法がありますが，広義に，教育，保育，医療，福祉，司法，産業等の分野におけるカウンセリングがあります。

カウンセラーの基本的な姿勢として，受容，傾聴，共感が重要であるといわれています。受容とは，クライエントを尊重して，その人をありのままに無条件に肯定的に受け入れる態度のことをいいます。傾聴とは，相手の発する言葉や非言語的コミュニケーションをすべて受け取るべく全身で聴き入ることです。共感は，相手の立場に立って，相手が感じるように感じとることです。さらに，相手を尊重する態度も重要です。悩みを抱えたクライエントに対して相談を受ける人は優位な立場になりがちですが，対等な関係で相手に対して尊敬の念を持って向き合う態度が求められます。もちろん，カウンセリングで話した内容に関しては守秘義務が生じます。どのような職業もそうですが，そこで知り得たクライエントの情報は他に漏らさない秘密保持が重要です。現在では，プライバシーの保護という考え方が社会全体にも重要視されているので，守秘義務に関しても広く知られることとなっています。しかし，まだペットに関してはそこまでの注意を向けられていません。相手が動物だからと守秘義務を軽んじて，安易に情報を漏らすことは避けなければならないでしょう。

これらの受容，傾聴，共感，尊重，守秘義務を前提にクライエントとの信頼関係（ラポール）が築かれます。この信頼関係を前提としてカウンセリングが成り立つのです。

3. ペットロスの対応

基本的には，ペットを失った気持ちを共感し，受容します。「ペットロスを経験している人に，なんて言ってあげればいいでしょうか」と質問されることがあります。あえて言葉をかける必要はありません。ペットを亡くした人があなたの傍にやってくるということは，悲しみや怒り等のネガティブな感情に押しつぶされそうになって世の中にひとりぼっちになったと感じる最中に，誰かに傍にいてほしいと感じて，あなたの傍にいたいと思っているのです。これまでの信頼関係があるからやってきたのです。カウンセリングではよく指摘されることですが，沈黙は重要な時間です。その人が語り始めるまで待ちましょう。自分はその人の役に立っているのかと心配になるかもしれませんが，言葉のコミュニケーションはなかったとしても言葉以外のコミュニケーションは始まっています。十分に気持ちは伝わっていると思います。

一方，逆効果は，指示的で判断を下すような関わりです。また，慰めようと思って，「また違うペットを飼えばどうですか」と促す人がいますが，飼い主にとって，そのペットの代わりはいないと思っていますので，避けた方がいいでしょう。しかし，筆者の調査でも新しいペットを飼ったことが悲しみの回復に役立った飼い主はいます。この場合は，偶然やってきた飼い主不明の迷い犬や猫，自分が引き取らなければ殺処分されてしまう場合でした。この場合は，しかたなく運命的に引き取ったので，前のペットに悪いという罪悪感は軽減されたと考えられます。ペットロスに伴う悲哀の心理過程の途上にいる飼い主は，新しいペットに愛情を注ぐことは，前のペットへの裏切りだと感じる人が多いと考えられます。したがって，基本的にはペットロスの悲しみから回復したときに新しいペットを迎えた方がいいでしょう。

前述のように，ペットロスは公認されていない悲嘆の１つと考えられますから，「ペットが死んだくらいで」といまだに言われてしまう可能性があります。ペットは家族の一員という社会的認識も徐々に広まってきましたから直接には言葉にはしないかもしれません。しかし，言葉にしなくても，そのような否定的な意見は雰囲気で伝わってきて，ペットを亡くした人にさらに追い打ちをかけます。

フロイト（Freud, S.）の「喪失の後に，悲哀の急性の状態はおさまることを私たちは知っていますが，同時に私たちは決して慰められることがなく，また決して代替物を見出せないだろうことも知っています。心の溝を何で埋めようと，そしてよしんばその溝が完全に埋めつくされたにしても，まだ何かほかのものが残ります。そして実際そういう姿があるべき姿なのです。それが，私たちが途絶えさせたくない愛を永続させる唯一の方法なのです」（Freud, 1970）ということばの通り，人は対象に愛情を抱く能力を持ち，逆に，対象を喪失した場合は哀しむ能力を持っています。生きている限り，意識的であれ，無意識であれ，人は，出会いと別れを繰り返します。ある人は，喪失にはまり込み次の愛情へと進めない場合があるかもしれないですし，ある人は，その体験を糧として人生を豊かに生きていくのかもしれないのです。その個々人，１つとして，同じ喪失はなく，それに優劣はありません。対象がペットであってもそうです。どのような対象喪失の悲しみも尊重されるべきです。

また，各家庭ができる範囲でいいので，埋葬したり，お葬式をしたり，セレモニーを行ったりして，“さよなら”をする機会をつくることで，気持ちに区切りがつけやすくなります。また別の意味では，そのペットを偲(しの)んで，家族や他の同居ペット，信頼できる人と悲しみを分かち合うことがサポートとなるでしょう。

2節　子どもがペットを亡くしたときに

1. 子どもと死

最近，命を軽視したような青少年の犯罪が増加し，いじめや青少年の自死の問題も深刻化しています。そのような社会背景の中，子どもに対する「いのちの大切さ」の教育の必要性が問われています。しかし，「いのちの大切さ」を教育によって子どもたちに教えることが可能なのでしょうか。例えば，「いのちの大切さ」について話し諭したり，本を読み聞かせたりするだけでは，子どもたちはいのちを大切にしなければならないということを実感できないのではないのでしょうか。「いのちの大切さ」の教育は保育機関や学校で行うことに限界があります。なぜなら，「いのちの大切さ」は，親しい者の死と対面するような経験を経てこそ実感できると考えられます。

しかし，近年，核家族化が進み，子どもたちが家庭内で近親者の死を経験することがほとんどなくなってきました。また，終末期を病院で迎える人が多く，子どもたちが死に立ち会うことが少なくなってきました。子どもたちが親密な対象の死を経験することは，死を理解することや「いのちの大切さ」を実感する重要な経験であると考えられます。このような現状の中，矛盾していますが「いのちの大切さ」は保育や教育の現場で取り入れざるを得ない状況となっています。では，「いのちの大切さ」を子どもたちに伝えるにはどのようにすればよいのでしょうか。最近の研究では，死別のようなストレスフルな経験が，死や命について考えたり人格的成長をもたらしたりすることが明らかにされています（Deeken, 1983; 東村ら，2001; Tedeschi, 1996 など）。つまり，人間が生きている以上避けられない大切なものとの死別経験こそが，死を考え「いのちの大切さ」を実感できる機会になるのではないでしょうか。

子どもたちが初めて遭遇する死別経験は，11 ～ 18 歳までが一番多く，次に 6 ～ 10 歳までが多く，対象として一番多かったのが祖父母であり，次に動物が多かったとされています（尾上・菊池，1997）。また，小学校時代の大切な人または動物との悲嘆を伴う死別経験はペットの死が最も多かったとされています（得丸・吹山，2005）。このことからもわかるように，多くの子どもたちにとって，最初に経験する愛着対象の喪失経験が，ペットまたは親しんでいる学校（園内）飼育動物との別れでしょう。コンパニオンアニマルは，誕生から死までを人間よりも短い期間で示してくれ，いわば人生の縮図を体感させてくれます。いつか訪れる親しい人との死別，自分の死，それに対峙するときのための糧となるつらく悲しくも貴重な経験なのです。

2. 子どもの死の概念

子どもが，死ぬということを理解するのはいつ頃からなのでしょうか。死を理解することにはまず，死の概念の獲得が必要です。この分野で有名なナギー（Nagy, 1984）の研究では，死の発達過程を 3 段階に分け，第 1 段階は 3 ～ 4 歳，第 2 段階は 5 ～ 8 歳，第 3 段階は 9 ～ 13 歳としています。スピースら（Speece et al., 1984）は，子どもの死の概念の発達について，非可逆性（irreversibility），普遍性（nonfunctionality），生命機能の停止（universality）の 3 つの死の概念の要素をあげています。そして，先行研究を論じ 5 ～ 7 歳でこの 3 つの要素を理解するとしています。また，日本においても，仲村（1994）がこの 3 つの死の概念の要素を用いて年齢区分別に調査を行い，5 歳と 6 歳の間に大きな変化があり，6 ～ 8 歳で 3 つの死の概念を理解するとしています。またもう 1 つ因果性（causality）を扱うこともあります。以上の研究は，不特定多数の死を題材に行っている調査です。竹中ら（2004）は，絵本を用いて死の概念の獲得に関する調査を行い，死の不動性（生命機能の停止）は 4 歳 7 か月，死の不可逆性は 3 歳 9 か月から理解し始め，6 歳前後でほとんどの幼児が理解するとし，死の普遍性は 4 歳 3 か月から理解し始め，6 歳 2 か月以上でほとんどの幼児が理解するとしています。このように他の先行研究よりも早い時期に死の概念を理解するという結果が得られたのは，具体的な題材を用いることによって，死を想起しやすく幼児にもわかりやすい質問であったことが要因として考えられます。ケーン（Kane, 1979）が6歳以下の幼児の死別経験は死の概念の発達を促進するという結果を支持しています。

3. いのちは1つ

愛着対象であるコンパニオンアニマルを亡くしたとき，子どもたちにどのように接したらよいのでしょうか。もちろん，子どもたちは愛情を注いでいたコンパニオンアニマルを亡くしたときには嘆き悲しみます。しかし，その経験こそが心の発達にも重要なのです。ある幼稚園で飼育されていたハムスターの死についての事例を紹介します。

ある幼稚園でハムスターのハムちゃんを飼育していました。幼児たちはそのハムちゃんをとてもかわいがっていました。しかし，そのハムスターが死んだときにクラスの先生は，子どもたちに死んだことを伝えず，「ハムちゃんは，今は遠いところに行っていて，そのうち帰ってくる」と伝えたそうです。そして，同じような毛色のハムスターを購入してきて，「帰ってきたよ」と伝えたそうです。そして，その幼稚園では恐ろしいことに，死なない奇跡のハムちゃんがずっと生きているのです。もちろん，先生は子どもたちを騙そうとしてそうしたのではありません。ではなぜこのような対応をしたかというと，「子どもがかわいそう，子どもが死を受け入れられず立ち直れない，まだ幼いから死んだことがわからない，自分（先生）が子どもに対してうまく対応できない」という理由からでした。

このように，大人が先回りをして子どもたちから死を隠すということが日常場面で時々起こっています。大人たち自らが死にふれたくない，死に遭遇した子どもへの対応ができないという理由で，子どもから死を遠ざけているのです。しかし，親密な対象の死に直面するということは，死に向き合う過程を通して，いのちには代わりがないこと，すなわち「いのちの大切さ」を実感する重要な機会なのです。

子どもたちは幼少でも死に向き合う準備ができていると考えられます。筆者が行ったペットと死別した経験を持つ幼児を対象とした面接調査では，「わんちゃん寝てるとき死んでた。おとうさん見せてくれた。かわいそうだった。箱に入れて，大きな毛布みたいなものをかぶせておいた。犬の神社に一緒に行った」（5歳女児）とペットの犬の死に遭遇したときの悲しみの感情や両親の対応などを詳細に語っています。また，「病院から電話かかってきて，ママ泣いてた。なんで泣いてるのって聞いたら，ママがねこちゃん死んだって言ってわかった。ねこちゃんのことママは大好きだった。泣いているママを見て悲しかった」（6歳女児）と，ペットの猫の死に遭遇した経験を詳細に語り，そのときの母親の様子から感情を読み取ろうとしています（濱野，2008）。このように，幼児がコンパニオンアニマルの死に遭遇したときに周囲の大人がどのような対応をするかが重要です。具体的には，そのコンパニオンアニマルの死を軽視したり隠したりすることなく悼（いた）み，親子や保育者と子ども，教師と児童生徒で，悲しみを共有することが必要なのです。

4. 愛着対象は最期まで愛着対象

「いのちの教育の一貫として，教育現場で動物を育てて，最後に食べることについてどう考えますか」と，時々このような質問を受けることがあります。そのときは，「その動物は初めから，子どもたちに，食べる目的で飼育すると明示していましたか。また，名前をつけてかわいがっていましたか」と問いかけます。たとえ，初めから食用にするという目的であっても育てている中で愛着が育っていきますので，このようなプロセスを用いたいのちの教育はとても難しく，よほど確固たる信念と自他ともに説得できる合理的な論理性や教育目標がなければ成立しません。つまりそれぐらい難しいことなのです。

前述の「死にゆく過程の心理的段階」を提唱したエリザベス・キューブラ＝ロスの自叙伝『人生は廻る輪のように』（Kübler-Ross, 1997／上野，1998）から，幼少期の話を紹介しましょう。3つ子だった彼女は，親でさえ3人の区別がつかなかったので，他の2人との違いや，個性を発揮することに必死でした。エリザベスは，動物好きで，家で食用に飼育されていたウサギたちの世話を一生懸命行っていました。その中の黒ウサギに「ブラッキー」という名前をつけて特にかわいがっていました。ウサギたちは，ちゃんと3姉妹を区別していてエリザベスにだけなついていました。ウサギたちが食用にされていく中で，最後のブラッキーが食用にされる日がやってきたときに，彼女は父親の命令に逆らえずに，泣く泣くブラッキーを食肉店に連れていきます。後悔の念と悲しみや苦しみとともに自分がしたこと，自分に問いかけたことがその後の仕事に影を落としていて，「これに耐えることができたら，どんなにつらいことでも耐えられる」と語っています。その40年後に，あるきっかけで，抑えていた苦痛，怒り，不公平感が突然エリザベスを襲いました。それだけ，子どもの時代の愛着対象であるコンパニオンアニマルは子どもにとって重要な他者であり，その対象を死に追いやったという自責の念が強く残っていたと考えられます。このような話からも，子どもとコンパニオンアニマルの関係がいかに重要で，将来にわたって影響することがわかります。

5. 子どもがペットの死に遭遇したとき

ある程度の年齢にならないと死の概念を理解することは難しいと考えられます。その子どもの年齢や発達水準を考える必要があるでしょう。しかし，幼い子どもでも死に直面したときに何かを感じ取ることはできます。死ぬということを頭で理解することはできなくても，周囲の大人が悲しみを共有することで心で感じ取ることがあるのです。

子どもがコンパニオンアニマルの死に際に立ち会うチャンスがあるなら，一緒に看取ることが望ましいと考えられます。また，その子どもがわかる範囲でなぜ死んでしまったかについて事実を伝える方が悲しみが複雑になりません。親が配慮して子どもから死を遠ざけてしまうと，最期のお別れをするチャンスを逃してしまうことになり，大切なコンパニオンアニマルはなぜいなくなったのかの疑問が残ることもあります。しかし，立ち会うか立ち会わないか，どちらがよいかは，その子どもの感受性，伝え方や伝える際の状況にもよります。また，各自ができる範囲でいいので，埋葬したり，お葬式をしたりお別れの儀式をすることは有効にはたらきます。“さよなら”をする機会をつくることで気持ちに区切りがつけやすくなるからです。

コンパニオンアニマルが死んだときは家族で一緒に悲しむことが大切です。親が悲しいからといって「その話はもう聞きたくない」と言ってしまうと，子どもは悲しむことが悪いことだと思ってしまうおそれがあります。親は取り乱してもいいので，悲しむ姿を見せ，一緒に泣いたり，話したりして，悲しみを共有することがサポートになることもあります。

時おり，子どもたちは，コンパニオンアニマルが死んだのは自分のせいかもしれないと罪悪感を持つことがあるので配慮が必要です。直接の過失の場合もそうですが，根拠や関係のない理由（例：いなくなればいいと言ってしまったからいなくなった）の場合もあります。大人は，子どもが自分を責める気持ちを受け入れ，その子の責任ではないことを伝えてあげましょう。また，ペットとの大切な思い出を語り合うのも回復へのサポートになる場合もあります。

筆者も小学校低学年のときに犬を亡くした経験があります。ある日，ぼろぼろでやせた野良犬が迷い込んできました。なんとか親を説得して飼ってもらうことになりました。名前はコロチンとつけました。消極的で引っ込み思案で，自分に自信がなかった筆者にとって，小学校生活は時に心理的に負担でした。そんな中，コロチンがいることでずいぶん支えられました。小学校で嫌なことがあっても，コロチンが家で待っていると思うとなんだか心が落ち着いたのを覚えています。放課後は，コロチンに会えると思うとわくわくした気持ちになりました。しかし，コロチンはすでに病気にかかっていて１か月後に死んでしまいました。とてもかわいがっていたのでコロチンが死んだときは，しばらく落ち込み，泣き暮らし，学校でも思い出して泣いてしまっていました。後から聞いたのですが，コロチンの死に顔が苦しそうだったので，親は子どもたちに遺体に会わせないようにしたそうです。そのような配慮ではあったけれども，死に目に会っていないのと突然亡くなったため，死を受け入れるのはとても難しいことでした。死因には直接関係はないのに，「自分がつけた名前が良くなかったから死んだんだ」など理由を見つけて自分を責めました。いつも学校から帰ると迎えてくれたコロチンがいないということが信じられませんでした。そんなときの家族の対応が良かったのはもちろん，担任の先生が，小学校で思わず泣いてしまったときに何も言わずにずっと抱きしめてくれたことが救いになりました。今でもその場面を思い出すことができます。

日本の社会では，しばしば，「ペットが，動物が死んだくらいでそんなに悲しむなんて」というように，コンパニオンアニマルの死を十分に悲しむことを許してくれません。子どもが死に遭遇したときにどのように対応していいのかわからないという大人もいます。しかし，子どもの心に敏感に反応し，子どもが自由に悲しみや時には怒りを表現できる場所を与え，支える安全基地となり，ともに死を悼むことがサポートとして有効にはたらくと考えられます。また，筆者もそのようなつらい喪失経験ではありましたが，獣医師になる，教師になるという夢が子どものころ芽生えたのはコロチンや担任の先生のおかげでした。

繰り返しになりますが，子どもが愛着対象（コンパニオンアニマル）の死を経験することは，死に向き合う過程を通して，いのちには代わりがないこと，すなわち「いのちの大切さ」を実感する重要な機会となります。また，一緒に暮らしているときの愛着のあり様が喪失経験による人格的発達に影響すると考えられます。

6. レジリエンス（resilience）

アメリカ心理学会によれば,「レジリエンスとは，逆境，心的外傷（トラウマ），悲劇，脅威，もしくは重大なストレス（家族や対人関係の問題，深刻な健康問題や職場の問題，経済的な問題）に直面したときにうまく適応していく過程である。困難な経験から“回復すること”を意味する」（APA, 2011）と定義されています。また，レジリエンスを構築するための10の方法をあげています。それは，「重要な他者との良好な関係を築く」「危機を乗り越えられない問題として捉えない」「移り変わりは人生の一部であることを受け入れる」「目標に向かって進む」「断固とした行動をとる」「自己発見の機会を探す」「自身のポジティブな視点を育む」「長期的な視点を持ち続けること」「希望的な見通しを維持する」「自分を大切にする」です。

レジリエンスには資質的側面と獲得的側面があると指摘されています（平野, 2015）。レジリエンスは獲得できる力であるという考えから，レジリエンスを育む教育が重視されています。いつ子どもに困難でつらい状況が起こるかわかりません。そんな出来事に遭遇してもしなやかに回復できる力が人生を生きていくうえで有用であると考えられます。

子どもとコンパニオンアニマルの関係で考えると，愛情を注ぎ，おそらく初めての愛着対象を失い深い哀しみに陥る危機を乗り越えることで「レジリエンス」を育むことにもつながる重要な経験となるのではないでしょうか。

３節　ペットがくれた大切なもの

1. 対象喪失経験による人格的発達

これまでの対象喪失に関する研究では，対象喪失後，悲哀の心理過程を経て受容や回復に至るという，悲哀という日常から逸脱した心理状態から元の通常の心理身体状態に戻るという枠組みがほとんどであり，元の状態に戻るように援助し，正常な悲哀から逸脱する原因は何かというところに興味関心がありました。しかし，近年，ストレスフルな経験の肯定的な側面を取り上げる「Stress Related Growth」（Park et al., 1996），「Posttraumatic Growth」（Tedeschi, 1996）という研究が注目されてきています。つまり，喪失を否定的なものと捉え，喪失を経験していない時点を最良と考えその時点の状態に戻すという医学モデル的な考え方から，回復を目指すものの喪失経験から得られたものにも注目する考え方です。

対象を喪失し耐えがたい苦しみを経験する一方で，その経験から生まれる貴重なものがあるといえます。

デーケン（Deeken, 1983）は，「悲嘆のプロセスを乗り越えた人は，以前に増して秀れた人格者となり，他者の苦しみにより深い理解と共感を示し，時間の貴さを認識し，人間関係のすばらしさとその限界を知り，人間の生命と可能性，また死後の問題などにより深い関心を抱くようになる」といい，悲嘆のプロセスは心の傷が単に健康な状態に復元することではなく人格的成長を遂げるとしています。また，東村ら（2001）は，これを人間的成長（personal growth）といい，遺族本人の内面的な変容に基づいたポジティブな変化として捉え，死別経験による遺族の人間的成長に焦点を当てた調査を行い，人間関係の再認識，自己の成長，死への態度の変化，ライフスタイルの変化，生への感謝という因子を見出しています。

坂口（2002）は，デービスら（Davise et al., 1998）の喪失体験の中に個人の人生にとってなんらかの有益性や価値を見出そうとする試みである有益性発見という視点から，「いのちの再認識」「自己の成長」「人間関係の再認識」の下位尺度からなる「有益性発見尺度（Finding Benefits Scale）」を作成しました。意味再構成モデル（Neimeyer, 2001 ／富田・菊地，2007）では，悲嘆過程を通して，人生や価値観に対してなんらかの「意味」を見出し，死別の意味を探す中で，「意味の了解」「有益性の発見」「アイデンティティの変化」という3つの活動を通して，死別前と異なる自己の知覚や対人関係，未来に対する見方の変化などが起こり，その人の人生に価値ある変化がもたらされるとしています。

一方，ラゴーニら（Lagoni et al., 1994）は，ペットロスからの回復後の成長について，Schneider（1984）の理論を用いて「Personal Growth through Grief」としています。また，「死を乗り越えてもとの自分に戻るのではなく，新しい何かが獲得できるのです。うまく乗り越えると人生はより深みを増すのです」（横山，1996）といわれています。

では，実際にペットを喪失した飼い主の調査から，ペットロス経験による人格的成長についてみてみましょう（濱野，2007）。

【ペットロス経験による人格的成長】

1．すばらしい人生の喜びをもたらしてくれた。
- ともに生活したことによって家族が一体となり，とても楽しく，いつも犬を通して話題が豊かになり，家庭の中があたたかい状態でした。また，会いたいなと思います。
- とても良いときを過ごすことができ，とても感謝しています。今でも写真を見て時々話しかけています。
- ペットと暮らすことの楽しさ，大切さを実感しています。
- めぐり逢えたことは私の人生の宝物です。
- ともに暮らした10数年間，自分たちの人生に寄りそってくれたなあと感謝しました。

2．生死を教えてくれた。
- 身近に老いや死というものをリアルに感じたことがあまりなかったのですが，誕生して成長し大人になり，そして年老いていきやがて死を迎えるということが，いかに自然なことかを教えてもらった気がします。

3．子どもの情操教育になり，いのちの大切さを教えてくれた。
- 子どもたちも命の大切さを十分に感じたと思う。
- 子どもの情操教育（優しさ，思いやり）にたいへん役に立ちました。また，寿命を理解することができるようになりました。

・子どもが小学生低学年であったことから，そのショックが精神的にどう影響するか心配であったが，ますます小さな命を大切にする気持ち，動物に対する深い思いやりが育っていった。

・子どもたちが，ペットの犬の出産，子育てを経験する中で，育てる喜びと別れの悲しみ，豊かな情感を育て学び取っている様子がよくわかりました。

４．自己の成長

・ペットがきっかけで出会った資格を取るために勉強を始めました。その間にペットが亡くなったのですが，一番応援してくれていると感じ，夢中で取得しました。ペットに作ってもらった道です。彼らのために一人前になりたいと思います。

・テレビなどで，人や動物が亡くなった事件を見ると，残された人のことまで考えるようになりました。

また，犬または猫を喪失した経験のある飼い主の調査では，表 7-1 のような人格的成長と考えられる因子が見出されました。ペットの喪失経験による子どもの責任感の発達，子どもの情操教育に役立つという項目や，弱いものを気遣い相手の立場に立って考えられるようになれたという共感性に関する項目，命の大切さの学び，死を考える機会，人格的成長に関する項目が見出されました。つまり，喪失経験から得たもの，人格的な発達に関する内容で構成されていました（濱野，2007）。

▼表 7-1　ペットの「喪失経験による発達」因子の項目

ペットを亡くす経験は，子どもの責任感の発達に役立つと思う
ペットを亡くす経験は，子どもの情操教育に役立つと思う
弱いものを気遣う気持ちが身についた
命の大切さを学んだ
「死」ということについて考えるようになった
ペットを亡くす経験は，死を学ぶのによいと思う
自分が成長した
家族を亡くした人の気持ちがわかるようになった
ペットは，天国（あの世）で幸せに暮らしていると思う

2. ペットが遺したもの

大切なものを喪失する経験は耐えがたく，悲しみや苦しみにのたうちまわる経験です。それはどのような人にも平等に訪れます。この世に経験しない人はいません。しかし，喪失とは，喪う（うしな）だけの経験ではなく，経験したからこそ，喪った存在の大切さを実感するのです。さらに，そこから学び，生み出されるものもあります。ペットを喪った飼い主の調査から，以下のような人格的成長と考えられるものが見出されました。

・失った対象が与えてくれた大切なものを実感する。
・深い感謝を感じる。
・いのちの大切さを実感する。
・他者への悲しみの共感性が増す。
・人間的に成長する。

それが，その後の人生の糧となる重要な経験なのです。喪った対象とのきずなは続き，心の中に生きていて，思い出すといつでも会える，人生を見守ってくれる存在となるのです。

人は周囲の世界に愛着を抱き，それを育てていきます。人は，人であるがゆえに，様々な対象に愛着を抱きます。そこに眷属（けんぞく）のつながりがなくとも，対象が動物であっても自然と愛情を注ぎます。しかし，一方で，愛着対象を喪失したときに，強い哀しみを抱きます。それは表裏一体で，愛情が深ければ深いほどどん底に突き落とされます。「人間の悩みというものは，悩みぬかれて解決されない限り永劫に繰り返される。機に応じ，折にふれてよみがえり，その心を奪う」（小此木，1979）ということばのように，対象喪失という苦しみの現実の中から，人はそれに向き合い，取り込み，苦悩し，そこから何かを見出そうともがきます。しかし，そのような喪失を体験するがゆえに，そこから生まれるものがあります。失った愛着の対象を取り戻すことはできませんが，そこから派生したものがその人を慰め，さらなるものを生み出す助けとなるでしょう。その失った愛着のわずかな裾を握りしめ，這い回り，暗闇の中，一筋の光明に向かい歩んでいきます。何を得られるかは，そのときはわかりませんし，見えるはずもありません。しかし，人は歩みをやめません。後退しようが，停滞しようが，倒れ込もうが歩みます。筆者はそのような力が誰にでもあると信じています。そして，その中から目を凝らし何かを見出します。傍でそっと支えてくれている人たちがぼんやりと意識され，徐々にはっきりと見えてきます。やがて，喪失した体験は，心の隅に残り，当時はどんなに哀しくてつらい経験であったとしても，やがて，あたたかい思い出とともに思い出せるようになります。その対象喪失の悲哀から回復した経験はその人に取り込まれ，その後の人生に影響を与えるでしょう。そして，いいようのない感謝に包まれるときがくるでしょう。喪失した対象は決して取り戻すことはできませんが，その愛着対象は，その人の心の中に取り込まれ，その人の心の中で生き続け，その後の人生を歩んでいく助けになるでしょう。

人とペットが共生できる理想郷創り

政府は，高齢化社会の進展に伴い，健康寿命延伸に力を入れています。ペットフード協会会長時代にリサーチ会社に依頼した調査データによると，犬と散歩をしている人たちの健康寿命がペットの非飼育者と比較して，男女とも長いという結果が出ました。特に，女性の場合は 2.8 歳で，約 3 歳も長いことが判明しました。旦那様と家にいるより，犬と外で散歩している方が女性は健康になるということでしょうか !?　大変興味深い結果になりました。また，人間の生活に最も大きな喜びを与えてくれるものとして，ペット飼育者に聞いたところ，犬飼育者では，1 番は「家族」，2 番は「ペット」でした。しかし，猫飼育者の場合は，何と 1 番は「ペット」，2 番が「家族」でした。

東京農業大学の太田光明教授の研究・調査によると，幸せホルモンといわれるオキシトシンの分泌は，猫を撫でている方が，犬を撫でているより，多く分泌されるようだとのことです。猫の毛にその秘密が潜んでいるのかもしれません。今や家族としてのペットは私たち人間に，笑いや喜び，安らぎや慈しみ，癒しや慰め，そして人の心と体の健康に寄与してくれます。2018 年，日本の医療費は 43 兆円になったという報道がありました。古いデータにはなりますが，ペット飼育による医療費抑制について，ドイツでは年間 7,547 億円，オーストラリアでは年間 3,088 億円の削減効果が報告されています。これらの金額はそれぞれの国の医療費の 8 ～ 10％に当たっています。日本にこのデータを適用すると，約 4 兆円の医療費がセーブできるということになります。

また，米国カルフォルニア大学で 65 歳以上の「日頃ストレスを感じている人」の病院への通院回数を，「ペットを飼っていない人」と「飼っている人」とで比較したところ，「ペットを飼っていない人」は年 10.37 回であるのに対し，「飼っている人」では約 17％少ない，年 8.62 回にとどまっています。米国ブルックリン大学での研究によると，心疾患で入院した患者の退院 1 年後の生存率は，「ペットを飼っていない人」が 71.8％であるのに対し，「ペットの飼い主」では 94.3％となっています。なぜ 20％以上の違いがみられたかというと，ペットの飼い主はストレスによる交感神経系の興奮から逃れた結果だといわれています。

子どもにとっては，ペット飼育が情操面の成長を促すとともに，“思いやりの心”を育むことに貢献しています。子どもの非行の予防につながるという米国での発表や，不登校の回数が減少したという英国での報告もあります。

ペットとの共生は夫婦間の問題解決にも大いに役立っています。ペット飼育前に比べ，夫婦喧嘩が約 40％減るなどの効果も報告されています。このようにペットとともに暮らすことは「人の心と体の健康」に様々な効用をもたらしてくれます。「ペット産業」は，その意味で「健康産業」であり，動物外交に見られるように「平和産業」でもあります。子どもたちが動物に向かって本を読み聞かせることにより，読み聞かせの能力が 2 段階ほど上昇するという米国のデータから「教育産業」でもあり，究極的には「幸せ創造産業」と言っても過言ではありません。このすばらしい産業をより日本国民に浸透させていくのは，業界関係者であると同時に，教育機関である大学や専門学校の果たす役割が大きいと確信しています。

日本は，2018 年には人口が 43 万人減少し，毎年 40 万人ずつ人口が減少する時代に突入しています。65 歳以上の人口も約 29％になりつつあり，犬の飼育頭数も毎年 20 万頭から 40 万頭が減少する時代に入っています。日本の人口は将来 50％減少することが確実になっていますが，犬の頭数も 2008 年の 1,300 万頭をピークに毎年減少し，筆者がペットフード協会会長時代に推測した将来予測の数字で推移しています。また 2018 年は 890 万頭に激減しており，犬の頭数も将来は半数になることが予測されます。

2018 年，インバウンドの訪日客は 3,200 万人になりましたが，国内外から視察に来られるような「人とペットの理想郷」創りのプロジェクトに筆者は参画しています。人とペットが電車やバスに乗車でき，学校では人とペットの共生授業が行われ，ホテル，レストランなどの公共施設にも人とペットが自由に出入りできるような地域の実現を計画しています。ペットと遊べる施設や高齢者がペットとともに暮らせる米国ミズーリ州のタイガープレイスのような高齢者施設，また，発達障害の子どもたちが動物と暮らすことで，子どもたちの健全な発達をサポートするニューヨーク郊外のグリーンチムニーズのような施設も開設できるような社会の実現を目指しています。

現在候補地として数か所ありますが，是非この夢のプロジェクトを実現することにより，地域の活性化はもちろんのこと，ペット関連産業の発展およびペット関連の教育機関の充実を図り，とりわけ，将来を担う日本の子どもたちに夢を与えられるようなペット関連業界にしたいものです。

文献

第1章

Ainsworth, M. S. (1989). Attachments beyond infancy. *American Psychologist*, **44**(4), 709-716.

Appleby, M. C. & Hughes, B. O (Eds.). (1997). *Animal Welfare*. Cambridge: CABI Publishing. (佐藤衆介・森　裕司（監訳）(2009). 動物への配慮の科学―アニマルウェルフェアをめざして― チクサン出版社)

Ascione, F. R. (2004). *Children and animals: exploring the roots of kindness and cruelty*. West Lafayette, IN: Purdue University Press. (横山章光（訳）(2006). 子どもが動物をいじめるとき―動物虐待の心理― ビイング・ネット・プレス)

Berryman, J. C., Howells, K., & Lloyd-Evans, M. (1985). Pet owner attitudes to pets and people: A psychological study. *Veterinary Record*, **117**, 659-661.

Bowlby, J. (1969). *Attachment and loss, Vol.1: Attachment*. London: Hogarth Press. (黒田実郎・大羽　蓁・岡田洋子・黒田聖一（訳）(1976). 母子関係の理論Ⅰ―愛着行動― 岩崎学術出版社)

Bowlby, J. (1979). *The making and breaking of affectional bonds*. London: Tavistock Publications. (作田　勉（監訳）(1981). ボウルビィ母子関係入門　星和書店)

Bowlby, J. (1980). *Attachment and loss, Vol.3: Loss*. London: Hogarth Press. (黒田実郎・横浜恵三子・吉田恒子（訳）(1981). 母子関係の理論Ⅲ―愛情喪失― 岩崎学術出版社)

Bowlby, J. (1988). *A secure base: Parent-child attachment and healthy human development*. New York: Basic Books.

Cain, A. N. (1985). Pet as family members. In M. Sussmann (Ed.), *Pet and the family* (pp.3-10). New York: The Haworth Press.

Collis, G. M., & McNicholas, J. (1998). A theoretical basis for health benefits of pet ownership: Attachment versus psychological support. In C. C. Wilson & D. C. Turner (Eds.), *Companion animals in human health* (pp. 105-122). Thousand Oaks, CA, US: Sage Publications.

Davis, S. J. M., & Valla, F. R. (1978). Evidence for domestication of the dog 12,000 years ago in the Natufian of Israel. *Nature*, **276**, 608-610.

Friedmann, E., Katcher, A. H., Lynch, J. J., & Thomas, S. A., (1980). Animal companions and one-year survival of patients after discharge from a coronary care unit. *Public Health Reports*, **95**, 307-312.

Gage, M. G., & Holcomb, R. (1991). Couples' perception of stressfulness of death of the family pet. *Family Relations*, **40**, 103-105.

濱野佐代子（2002). 人とコンパニオンアニマルの愛着―人はコンパニオンアニマル（犬）をどのような存在と捉えているか― 白百合女子大学大学院修士論文

濱野佐代子（2003). 人とコンパニオンアニマル（犬）の愛着尺度―愛着尺度作成と尺度得点による愛着差異の検討― 白百合女子大学発達臨床センター紀要, **6**, 26-35.

濱野佐代子（2007). コンパニオンアニマルが人に与える影響―愛着と喪失を中心に― 百合女

子大学大学院博士論文
濱野佐代子・高鍋沙代・大林駿斗（2018）．ペット飼育放棄要因の抽出と終生飼養サポートの検討―動物愛護団体における調査から― 公益社団法人日本愛玩動物協会 家庭動物の適正飼養管理に関する調査研究助成（平成29年度報告書）
https://www.jpc.or.jp/animal/wp-content/uploads/2018/05/H29_hamano.pdf（2019年10月20日閲覧）
濱野佐代子・山本和弘（2018）．動物福祉関連教育に活かすための英国のRSPCA（王立動物虐待防止協会）視察 帝京科学大学紀要，**14**, 307-312.
繁多 進（1987）．愛着の発達―母と子の心の結びつき― 大日本図書
猪熊 壽（2001）．イヌの動物学（アニマルサイエンス3） 東京大学出版会
Johnson, T. P., Garrity, T. F., & Stallones, L. (1992). Psychometric evaluation of the Lexington Attachment to Pets Scale (LAPS). *Anthrozoös*, **5**(3), 160-175.
環境省（2016）．犬・猫の引取り及び負傷動物の収容状況
https://www.env.go.jp/nature/dobutsu/aigo/2_data/statistics/dog-cat.html.（2017年10月10日閲覧）
環境省（2018）．平成30年度動物の虐待事例等調査報告書 p.21 Ⅲ 動物の虐待等の判例等 ①動物の愛護及び管理に関する法律の違反人員
柏木惠子（2003）．家族心理学―社会変動・発達・ジェンダーの視点― 東京大学出版会
厚生労働省（2012）．狂犬病
https://www.mhlw.go.jp/bunya/kenkou/kekkaku-kansenshou10/index.html
厚生労働省（2016）．平成28年（2016）人口動態統計の年間推計
http://www.mhlw.go.jp/toukei/saikin/hw/jinkou/suikei16/dl/2016suikei.pdf.（2018年4月1日閲覧）
Lago, D. J., Kafer, R., Delaney, M., & Connell, C. M. (1988). Assessment of favorable attitudes toward pets: Development and preliminary validation of self-report pet relationship scales. *Anthrozoös*, **1**(4), 240-254.
Lorenz, K (1954). *Man meets dog*. London: Methuen.（小原秀雄（訳）（1966）．人イヌにあう 至誠堂）
McCulloch, M. J. (1983). Animal-facilitated therapy: overview and future direction. In A. H. Katcher & A. M. Beck (Eds.), *New perspectives on our lives with companion* (pp. 410-426). Philadelphia: University of Pennsylvania Press.
内閣府（2005）．結婚・出生行動の変化 平成17年版国民生活白書
https://www5.cao.go.jp/seikatsu/whitepaper/h17/01_honpen/html/hm01030003.html（2012年10月25日閲覧）
内閣府（2007）．家族のつながりの変化と現状 平成19年版国民生活白書 つながり築く豊かな国民生活
http://www.dl.ndl.go.jp/view/download/digidepo_2942975_po_07sh_0101_1.pdf?contentNo=5&alternativeNo=（2019年10月20日閲覧）
内閣府（2010）．動物愛護に関する世論調査
https://survey.gov-online.go.jp/h22/h22-doubutu/2-2.html（2015年6月30日閲覧）
野沢 謙・西田隆雄（1981）．家畜と人間 出光書店
大野祥子（2001）．家族概念の多様性―「家族であること」の条件― 鶴川女子短期大学研究紀要（23），51-62.
大野祥子（2010）．「あなたの家族はだれですか？」―「愛犬こそ私の家族」と答える時代―

柏木惠子（編）　よくわかる家族心理学（pp. 6-7）　ミネルヴァ書房
ペットフード協会（2016）．　平成 28 年全国犬猫飼育実態調査 調査結果の詳細 ペットの入手先
https://petfood.or.jp/data/chart2016/3.pdf（2019 年 10 月 17 日閲覧）
ペットフード協会（2017）．　平成 29 年全国犬猫飼育実態調査　シニアにおける犬飼育の実態
https://petfood.or.jp/data/chart2017/4.pdf（2019 年 10 月 17 日閲覧）
ペットフード協会（2018a）．　平成 30 年全国犬猫飼育実態調査　主要指標のサマリー
https://petfood.or.jp/data/chart2018/3.pdf（2019 年 10 月 17 日閲覧）
ペットフード協会（2018b）．　平成 30 年全国犬猫飼育実態調査　犬　飼育・給餌実態と支出
https://petfood.or.jp/data/chart2018/4.pdf（2019 年 10 月 17 日閲覧）
ペットフード協会（2018c）．　平成 30 年全国犬猫飼育実態調査　猫　飼育・給餌実態と支出
https://petfood.or.jp/data/chart2018/5.pdf（2019 年 10 月 17 日閲覧）
Poresky, R. H., Hendrix, C., Mosier, J. E., & Samuelson, M. L. (1987). The companion animal bonding scale: Internal reliability and construct validity. *Psychological Reports*, **60**(3), 743-746.
Rynearson, E. K. (1978). Humans and pets and attachment. *British Journal of Psychiatry*, **133**, 550-555.
Serpell, J. A. (1987). Pet-keeping in non-western societies: Some popular misconceptions. *Anthrozoös*, **1**(3), 166-174.
総務省統計局（2019）．　我が国の子どもの数―「こどもの日にちなんで」―（人口推計から）
https://www.stat.go.jp/data/jinsui/topics/pdf/topics120.pdf（2019 年 10 月 20 日閲覧）
Royal Society for the Prevention of Cruelty to Animals (RSPCA) (2016). Giving a voice to animals. *Annual Review*, 18-19.
Stallones, L., Marx, M. B., Garrity, T. F., & Johnson, T. P. (1988). Attachment to companion animals among older pet owners. *Anthrozoös*, **2**(2), 118-124.
杉原荘介・芦沢長介（1957）．　神奈川県夏島における縄文文化初頭の貝塚（明治大学文学部研究報告　考古学第 2 冊）　臨川書店
田中　治（2009）．　家庭で飼育する動物の適性　林良博・奥野卓司・細井戸大成（監修）現代社会と家庭動物：動物愛護社会化検定専門級試験　公式テキストブック（pp. 178-184）　インターズー
Templer, D. I., Salter, C. A., Dickey, S., Baldwin, R., & Veleber, D. M. (1981). The construction of a pet attitude scale. *The Psychological Record*, **31**, 343-348.
東京都（2018）．　都政モニターアンケート結果　東京におけるペットの飼育　Q3 ペットの種類
http://www.metro.tokyo.jp/tosei/hodohappyo/press/2018/01/29/01_03.html（2019 年 10 月 17 日閲覧）
鳥取県生活環境部くらしの安心局くらしの安心推進課（2015）．　鳥取県の犬及び猫のデータ（平成 27 年度確定値）
https://www.pref.tottori.lg.jp/secure/967962/27nenndoinunekodeta.pdf（2019 年 10 月 10 日閲覧）
宇都宮直子（1998）．　ペットと日本人　文藝春秋
山田浩司（2008）．　アニマル・セラピーの理論と研究法　岩本隆盛・福井　至（編）　アニマル・セラピーの理論と実際（pp. 21-58）　培風館
山田昌弘（2004）．　家族ペット―やすらぐ相手は，あなただけ―　サンマーク出版
山田昌弘（2006）．　理想的な家族を求め進む―ペットの家族化―　週刊東洋経済，2006 年 3 月 18 日号，118-119.

吉田寿夫（2002）．本当にわかりやすいすごく大切なことが書いてあるごく初歩の統計の本　北大路書房
湯木麻里（2012）．神戸市にひきとられる動物たちの現状と課題　第2回神戸アニマルケア国際会議論文集，48.
Zasloff, R. L. (1996). Measuring attachment to companion animals: A dog is not a cat is not a bird. *Applied Animal Behaviour Science*, **47**, 43-48.

第2章

Anderson, W. P., Reid, C. M., & Jennings, G. L. (1992). Pet ownership and risk factors for cardiovascular disease. *Medical Journal of Australia*, **157**, 298-301.
Friedman, E., Katcher, A., Lynch, J. J., & Thomas, S. A. (1980). Animal companions and one year survival of patients after discharge from a coronary care unit. *Public Health Reports*, **95**, 307-312.
濱野佐代子（2009）．盲導犬パピーウォーカーの家族と盲導犬候補パピーの愛着―父親，母親，子どもの特徴の検討―　白百合女子大学発達臨床センター紀要，**12**, 49-56.
濱野佐代子（2010）．パピーウォーカー経験が子どもに与える影響―盲導犬候補子犬の育成と別れ―　文部科学省科学研究費補助金・若手研究（B）成果報告書，課題番号 20730439
濱野佐代子（2012）．アメリカの動物介在活動の紹介―Walk A Hound Lose a Pound のプログラム―　動物観研究，**17**，37-42.
Headey, B. (1999). Health benefits and health cost saving due to pets: Preliminary estimates from an Australian national survey. *Social Indicators Research*, **47**, 233-243.
Headey, B., & Grabka, M. M. (2007). Pets and human health in Germany and Australia: National longitudinal results. *Social Indicators Research*, **80**, 297-311.
Headey, B., & Na, F., & Aheng, R. (2008). Pet dogs benefit owners' health: A 'Natural experiment' in China. *Social Indicators Research*, **87**(3), 481-493.
IAHAIO (1998). Prague Declaration.
http://iahaio.org/prague-declaration/（2019年8月30日閲覧）
IAHAIO (2014). IAHAIO WHITE PAPER 2014: The IAHAIO definitions for animal assisted intervention and guidelines for wellness of animals involved in AAI.
Retrieved from Iahaio_wp_updated-2018-19-final.pdf（2019年8月30日閲覧）
厚生労働省　身体障害者補助犬
https://www.mhlw.go.jp/stf/seisakunitsuite/bunya/hukushi_kaigo/shougaishahukushi/hojoken/index.html（2019年10月20日閲覧）
McCulloch, M. J. (1983). Animal-facilitated therapy: Overview and future direction. In A. H. Katcher & A. M. Beck (Eds.), *New Perspectives on Our Lives with Companion Animals* (pp. 410-426). Philadelphia, PA: The University of Pennsylvania Press.
Nagasawa, M., Mitsui, S., En, S., Ohtani, N., Ohta, M., Sakuma, Y., Onaka, T., Mogi, K., Kikusui, T. (2015). Oxytocin-gaze positive loop and the coevolution of human-dog bonds. *Science*, **348** (6232), 333-336.
日本盲導犬協会（2017）．盲導犬と歩く　日本盲導犬協会50周年記念誌　精興社
Johnson, R. A. (2011). Start something big! In P. Zeltzman & R. A. Johnson (2011). *Walk a hound lose a pound: How you and your dog can lose weight, stay fit, and have fun together* (pp. 131-146). West Lafayette, IN: Purdue University Press.

Johnson, R. A., & McKenney, C. A. (2010). Implementing a community fitness program involving shelter dogs: Issues and outcomes. *12th International Association of Human-Animal Interaction Organizations Conference* (Stockholm, Sweden), 40.

Johnson, R. A., McKenney, C. A., & McCune, S. (2010). Shelter dog behavior improvement: Dog walking as enrichment. *19th International Society for Anthrozoology Conference* (Stockholm, Sweden), 23.

NHK BS「プリズン・ドッグ」取材班 (2011). 僕に生きる力をくれた犬—青年刑務所ドッグ・プログラムの３ヵ月— ポット出版

Odendaal, J. S. (2000). Animal-assisted therapy: magic or medicine? *Journal of Psychosomatic Research*, **49**, 275-280.

大塚敦子 (2015). 〈刑務所〉で盲導犬を育てる 岩波書店

大塚敦子 (2005). 動物たちが開く心の扉—グリーン・チムニーズの子どもたち— 岩崎書店

Serpell, J. (1991). Beneficial effects of pet ownership on some aspects of human health and behavior. *Journal of the Royal Society of Medicine*, **84**, 717-720.

柴内裕子・大塚敦子 (2010). 子どもの共感力を育む—動物との絆をめぐる実践教育— 岩波書店

山田弘司 (2008). アニマル・セラピーの理論と研究方法 アニマル・セラピーの理論と実際第７版 培風館

横山章光 (1996). アニマル・セラピーとは何か NHK ブックス

吉川 明 (2009). 盲導犬パピープログラムに期待される教育効果 島根県立大学 PFI 研究会 (編) PFI 刑務所の新しい試み—島根あさひ社会復帰促進センターの挑戦と課題— (pp. 157-167) 成文堂

第３章

Beck, A., & Katcher, A. (1984). A new look at pet-facilitated therapy. *Journal of the American Veterinary Medical Association*, **184**(4), 414-421.

Beck, A., & Katcher, A. (1996). *Between pet and people.* West Lafayette, IN: Purdue University Press.

Brickel, C. M. (1982). Pet facilitated psychotherapy: A theoretical explanation via attention shifts. *Psychological Reports*, **50**, 71-75.

Endenburg, N., & Baarda, B. (1995). The Role of pets in enhancing human well-being: effects on child development. In I. Robinson (Ed.), *The Waltham Book of Human-Animal Interaction: Benefits and responsibilities of pet ownership* (pp. 7-17). Butterworth-Heinemann.

藤崎亜由子 (2004). 幼児におけるウサギの飼育経験とその心的機能の理解 発達心理学研究, **15**(1), 40-51.

濱野佐代子 (2009). コンパニオンアニマルと子育て支援 繁多進 (編著) 子育て支援に活きる心理学 (pp.173-182) 新曜社

Hamano, S. (2010). The Picture projective technique of Attachment to Companion Animal (PACA): The relationship between PACA and Companion Animal Attachment Scale. *12th International Association of Human-Animal Interaction Organizations Conference* (Stockholm, Sweden), 160.

濱野佐代子 (2015). 子どもとコンパニオンアニマル (犬) の愛着—愛着尺度作成と向社会的行動との関連— 日本心理学会第 79 回大会発表論文集

濱野佐代子・関根和生（2005）．内動物飼育による幼児の社会性の発達への影響― どうぶつと人，**12**, 46-53.

濱野佐代子（2018）．2017 年度 人と動物のより良い共生環境の探索：高齢者とペットの暮らしに関する調査（研究Ⅲ） 積水ハウス株式会社共同研究報告書

Julius, H., Beetz, A., Kotrschal, K., Turner, D., & Kerstin Uvnäs-Moberg, K. (2012). *Attachment to Pets: An Integrative View of Human-Animal Relationships with Implications for Therapeutic Practice.* Hogrefe & Huber Pub

神山紀夫（2005）．共通感染症の予防　神山恒夫・高山直秀（編著） 子どもにうつる動物の病気（pp. 35-41） 真興交易（株）医書出版部

国土交通省（2013）．年代別の平均的なライフサイクルとその分化　国土交通白書 2013 http://www.mlit.go.jp/hakusyo/mlit/h24/hakusho/h25/index.html (2018 年 10 月 22 日閲覧)

厚生労働省（2017）．主な年齢の平均余命　平成 29 年簡易生命表の概況 https://www.mhlw.go.jp/toukei/saikin/hw/life/life17/dl/life17-02.pdf(2019 年 5 月 30 日閲覧)

Levinson, B. M. (1962). The dog as a "co-therapist". *Mental Hygiene*, **46**, 59-65.

Levinson, B. M. (1978). Pets and personality development. *Psychological Reports*, **42**, 1031-1038.

Mccune, S., Mcpherson J. A., & Bradshaw, J. W. S. (1995). Avoiding problems: The importance of socialization. In I. J. Robinson (Ed.), *The Waltham Book of Human-Animal Interaction: Benefits and responsibilities of pet ownership* (p. 72). Butterworth-Heinemann.

Melson, G. F. (2001). Love on four legs. *Why the wild things are; Animal in the lives of children* (pp. 44-70). Cambridge, MA, US: Harvard University Press.

文部科学省（2006）．学校における動物飼育について http://www.mext.go.jp/b_menu/hakusho/nc/06121213.htm（2018 年 10 月 23 日閲覧）

文部科学省（2009）．小学校学習指導要領　学習指導要領「生きる力」第 3 章　道徳 http://www.mext.go.jp/a_menu/shotou/new-cs/youryou/syo/dou.htm（2019 年 10 月 20 日閲覧）

塗師　斌（2002）．ペット飼育経験が共感性の発達に及ぼす影響―ペット種別に見た場合― 横浜国立大学教育人間科学部紀要，**4**, 27-34.

Poresky, R. H., & Hendrix, C. (1990). Differential effects of pet presence and pet-bonding on young children. *Psychological Reports*, **67**, 51-54.

高山直秀（2005）．子どもとペットと共通感染症　神山恒夫・高山直秀（編著）子どもにうつる動物の病気（pp. 17-23） 真興交易（株）医書出版部

第 4 章

安藤孝敏・古谷野亘・児玉好信・浅川達人（1997）．地域老人におけるペット所有状況とペットとの交流　老年社会科学，**19**(1)，69-75.

濱野佐代子（2003）．人とコンパニオンアニマル（犬）の愛着尺度―愛着尺度作成と尺度得点による愛着差異の検討― 白百合女子大学発達臨床センター紀要，**6**，26-35.

濱野佐代子（2007）．コンパニオンアニマルが人に与える影響―愛着と喪失を中心に― 百合女子大学大学院博士論文

Friedmann, E., Katcher, A. H., Lynch, J. J., & Thomas, S. A. (1980). Animal companions and one-year survival of patients after discharge from a coronary care unit. *Public Health Reports*, **95**, 307-312.

Goldmeier, J. (1986). Pets or people: Another research note. *The Gerontologist*, **26**, 203-206.

Headey, B. (1999). Health benefits and health cost saving due to pets: Preliminary estimates from an Australian national survey. *Social Indicators Research*, **47**, 233-243.

Holmes, T. H., & Rahe, R. H. (1967). The social readjustment rating scale. *Journal of psychosomatic research*, **11**(2), 213-218.

神谷美恵子（1989）．生きがいについて 神谷美恵子著作集 1　みすず書房

近藤　勉・鎌田次郎（2003）．高齢者向け生きがい感スケール（K-I 式）の作成および生きがい感の定義　社会福祉学，**43**(2), 93-101.

熊野道子（2011）．時間と状況の 2 次元からみた生きがい形成の価値過程モデル　教育福祉研究，**37**, 26-38.

Levinson, B. M. (1978). Pets and personality development. *Psychological Reports*, **42**, 1031-1038.

McCulloch, M. J. (1983). Animal-facilitated therapy: Overview and future direction. In A. H. Katcher, & A. M. Beck (Eds.), *New perspectives on our lives with companion animals* (pp. 410-426). Philadelphia, PA: The University of Pennsylvania Press.

内閣府（2017）．　高齢者の姿と取り巻く環境の現状と動向　平成 29 年版高齢社会白書（全体版）http://www8.cao.go.jp/kourei/whitepaper/w-2017/html/zenbun/s1_2_1.html（2019 年 5 月 30 日閲覧）

ペットフード協会（2016）．平成 28 年全国犬猫飼育実態調査　ペット飼育の効用 https://petfood.or.jp/data/chart2016/12.pdf（2019 年 12 月 12 日閲覧）

Rogers, J., Hart, L. A., & Boltz, R. P. (1993). The role of pet dogs in casual conversations of elderly adults. *The Journal of Social Psychology*, **133**, 265-277.

Seligman, M. E. P. (2011). *Flourish: A Visionary New Understanding of Happiness and Well-being*. New York, NY: Atria Books.

Siegel, J. M. (1990). Stressful life events and use of physician services among the elderly: The moderating role of pet ownership. *Journal of Personality and Social Psychology*, **58**, 1081-1086.

第 5 章

Bowlby, J. (1980). *Attachment and loss, Vol.3: Loss*. London: Hogarth Press.（黒田実郎・横浜恵三子・吉田恒子（訳）(1981)．　母子関係の理論Ⅲ：愛情喪失　岩崎学術出版社）

Bowlby, J. (1988). *A secure base: Parent-child attachment and healthy human development*. New York, NY: Basic Books.

Deeken, A. (1983). 特集日本人の死生観・悲嘆のプロセスを通じての人格的成長　看護展望，**8**(10), 881-885.

Fogle, B., & Abrahamson, D. (1991). Pet loss: A Survey of the attitudes and feelings of practicing veterinarians. *Anthrozoös*, **3**, 143-150.

Freud, S. (1917). *Trauer und Melancholie*.（井村恒郎（訳）(1970)．　悲哀とメランコリー　フロイト著作集 6（pp.137-149）　人文書院）

Freud, S.（著）井村恒郎・小此木啓吾・ほか（訳）(1970)．　フロイト著作集 6 自我論・不安本能論　人文書院

Gage, M. G., & Holcomb, R. (1991). Couples' perception of stressfulness of death of the family pet. *Family Relations*, **40**, 103-105.

濱野佐代子（2007）．　コンパニオンアニマルが人に与える影響―愛着と喪失を中心に―　百合女子大学大学院博士論文

濱野佐代子（2013）．　ペットロス　日本発達心理学会（編）　発達心理学事典（pp. 494-495）　丸

善出版
Harvey, J. H. (2000). *Give sorrow words: Perspectives on loss and trauma.* Philadelphia, PA: Brunner/Mazel. (安藤清志 (監訳) (2002). 悲しみに言葉を—喪失とトラウマの心理学— 誠信書房)
東村奈緒美・坂口幸弘・柏木哲夫 (2001). 死別経験による成長感尺度の構成と信頼性・妥当性の検証 臨床精神医学, **30**(8), 999-1006.
平山正実 (1991). 死生学とはなにか 日本評論社
平山正実 (1997). 死別体験者の悲嘆について 松井 豊 (編) 悲嘆の心理 (pp. 85-112) サイエンス社
Hunt, M., & Padilla, Y. (2006). Development of the Pet Bereavement Questionnaire. Anthrozoös, **19**(4), 308-324.
池内裕美・中里直樹・藤原武弘 (2001). 大学生の対象喪失—喪失感情, 対処行動, 性格特性の関連性の検討— 関西学院大学社会学部紀要, **90**, 117-131.
Keddie, K. M. G. (1977). Pathological mourning after the death of a domestic pet. *British Journal of Psychiatry*, **131**, 21-25.
Kübler-Ross, E. (1969). *On death and dying.* New York, NY: The Macmillan Company.
Lagoni, L., Butler, C., & Hetts, S. (1994). *The human-animal bond and grief.* Philadelphia: W. B. Saunders. (鷲巣月美 (監訳) 山崎恵子 (訳) (2000). ペットロスと獣医療 チクサン出版社)
宮林幸江 (2003). 悲嘆反応に関する基礎的研究—死別悲嘆の下部構造の明確化とそのケア— お茶の水医学雑誌, **51**(3, 4), 51-69.
宮本裕子 (1998). 遺族への看護 松井 豊 (編) 悲嘆の心理 (pp. 168-184) サイエンス社
森 省二 (1990). 子どもの対象喪失—その悲しみの世界— 創元社
Neimeyer, R. A. (Ed.). (2001). *Meaning reconstruction and the experience of loss.* Washington, DC, US: American Psychological Association. (富田拓郎・菊池安希子 (監訳) (2007). 喪失と悲嘆の心理療法—構成主義からみた意味の探究— 金剛出版)
小此木啓吾 (1979). 対象喪失—悲しむということ— 中央公論新社
Parks, C. M. (1972). *Bereavement: Studies of grief in adult life.* New York: International Universities Press.
Planchon, L. A., & Templer, D. I. (1996). The correlates of Grief after death of pet. *Anthrozoös*, **9**(2-3), 107-113.
Planchon, L. A., Templer, D. I., Stokes, S., & Keller, J. (2002). Death of a companion cat or dog and human bereavement: Psychosocial variables. *Society and Animals*, **10**(1), 93-105.
Podrazik, D., Shackford, S., Becker, L., & Heckert, T. (2000). The death of a pet: Implications for loss and bereavement across the lifespan. *Journal of Personal and Interpersonal Loss*, **5**(4), 361-395.
坂口幸弘 (2001). 配偶者との死別後の適応とその関連要因に関する実証的研究—本研究の要旨と死別研究の諸相— 人間科学研究, **3**, 79-93.
坂口幸弘・柏木哲夫 (2000). 死別後の適応とその指標 日本保健医療行動科学会年報, **15**, 1-10.
坂口幸弘・柏木哲夫・恒藤 暁 (2001). 配偶者喪失後の対処パターンと精神的健康との関連 心身医学, **41**(6), 439-446.
Schneider, J. (1984). *Stress, loss, and grief: Understanding their origins and growth potential.* Aspen Publications.
Sharkin, B. S., & Knox, D. (2003). Pet Loss: Issues and Implications for the Psychologist.

Professional Psychology: Research and Practice, **34**(4), 414-421.
Sife, W. (1998). *The Loss of a Pet: New Revised and Expanded Edition.* (pp. 24-25). New York, NY: Howell Book House.
Stroebe, M. S., & Schut, H. (1999). The dual process model of coping with bereavement: Rationale and description. *Death Studies*, **23**, 197-224.
Stroebe, M. S., & Schut, H. (2001). Meaning making in the dual process model of coping with bereavement. In R. A. Neimeyer (Ed.), *Meaning reconstruction & the experience of loss* (pp. 55-73). Washington, DC: American Psychological Association. (富田拓郎・菊池安希子(監訳) (2007). 喪失と悲嘆の心理療法―構成主義からみた意味の探究― (p. 71)　金剛出版)
鈴木恵理子 (1994). 児を亡くした母親の悲嘆反応　聖隷クリストファー看護大学紀要, **2**, 27-36.
Worden, J. W. (2008). *Grief counseling and grief therapy: A handbook for the health practitioner* (4th ed). New York, NY: Springer (山本　力(監訳) 上地雄一郎・桑原晴子・濱崎　碧(訳) (2011). 悲嘆カウンセリング　誠信書房)

第6章

Bowlby, J. (1980). *Attachment and loss, Vol.3: Loss.* London: Hogarth Press. (黒田実郎・横浜恵三子・吉田恒子 (訳) (1981). 母子関係の理論Ⅲ：愛情喪失　岩崎学術出版社)
Brown, B. H., Richards, H. C., & Wilson, C. A. (1996). Pet bonding and pet bereavement among adolescents. *Journal of Counseling & Development*, **74**, 505-509.
Davies, M. (1996). *Canine and feline geriatrics.* John Wiley and Sons Ltd. (内野富弥 (監訳) (1997). 犬と猫の老齢医学　学窓社)
動物MEリサーチセンター (2000). 産経新聞　2000年9月11日
濱野佐代子 (2002). 人とコンパニオンアニマルの愛着―人はコンパニオンアニマル (犬) をどのような存在と捉えているか―　白百合女子大学大学院修士論文
濱野佐代子 (2004). コンパニオンアニマル (犬) 喪失後の飼主の心理過程―犬の喪失別にみた, 飼主の喪失感情―　アニマルナーシング, **9**(1), 58-62.
濱野佐代子 (2007). コンパニオンアニマルが人に与える影響―愛着と喪失を中心に―　百合女子大学大学院博士論文
Harvey, J. H. (2000). *Give Sorrow Words: Perspectives on Loss and Trauma.* Brunner/ Mazel.
Harvey, J. H. (2002). *Perspectives on loss and trauma: Assaults on the self.* Thousand Oaks, CA: Sage Publications.
Holcomb, R., Williams, R. C., & Richards, P. S. (1985). The elements of attachment: Relationship maintenance and intimacy. *Journal of the Delta Society*, **2**, 28-34.
Jacobs, S. (1993). *Pathologic Grief: Maladaptation to Loss.* Washington, DC: American Psychiatric Press.
Lagoni, L., Butler, C., & Hetts, S. (1994). *The Human-Animal Bond and Grief.* West Philadelphia, PA: W. B. Saunders Company.
南　佳子 (2015). 認知機能不全　辻本元・小山秀一・大草潔・兼島孝 (編) 犬と猫の治療ガイド2015―わたしはこうしている― (pp. 554-556)　インターズー
宮林幸江 (2003). 悲嘆反応に関する基礎的研究―死別悲嘆の下部構造の明確化とそのケア―　お茶の水医学雑誌, **51**(3, 4), 51-69.
水越美奈 (2017). 高齢犬の行動変化に対するアンケート調査　動物臨床医学, **26**(3), 119-125.
尾形庭子 (1999). 動物病院と安楽死　どうぶつと人, (7), 15-17.

小此木啓吾（1979）． 対象喪失 中央公論新社
大渕律子（1992）． 痴呆性老人への家族支援 老年精神医学雑誌，**3**(10), 1099-1104.
Planchon, L. A., Templer, D. I., Stokes, S., & Keller, J. (2002). Death of a companion cat or dog and human bereavement: Psychosocial variables. *Society and Animals*, **10**(1), 93-105.
Poresky, R. H., Hendrix, C., Mosier, J. E., & Samuelson, M. L. (1987). The companion animal bonding scale: Internal reliability and construct validity. *Psychological Reports*, **60**(3), 743-746.
坂口幸弘（2012）． 死別の悲しみに向き合う―グリーフケアとは何か― 講談社現代新書
瀬藤乃理子（2010）． 喪失と悲嘆研究の現状―歴史的流れから最近の話題まで― ヒトと動物の関係学会誌，**27**, 35-39.
Spitznagel, M. B., Jacobson, D. M., Cox, M. D., & Carlson, M. D. (2017). Caregiver burden in owners of a sick companion animal: A cross-sectional observational study. *Veterinary Record*, **181**(12), 321.
高柳友子・山崎恵子（1998）． ペットの死，その時あなたは 鷲巣月美（編）ペットの死，その時あなたは（pp. 81-118） 三省堂
Templer, D. I., Salter, C. A., Dickey, S., Baldwin, R., & Veleber, D. M. (1981). The Construction of a Pet Attitude Scale. *The Psychological Record*, **31**, 343-348.
内野富弥・木田まや・馬場朗子・石井克美・大川尚美・林 洋一・朱宮生剛（1995）． 高齢の痴呆犬と診断基準 基礎老化研究，**19**(1), 24-31.
鷲巣月美（2008）． ペットロス―共に暮らした伴侶動物を失って― 林 良博・森裕司・秋篠宮文仁・池谷和信・奥野卓司（編） ヒトと動物の関係学 3（pp. 179-196） 岩波書店
Worden, J. W. (2008). *Grief counseling and grief therapy: A handbook for the health practitioner* (4th ed). New York, NY: Springer（山本 力（監訳）上地雄一郎・桑原晴子・濱崎 碧（訳）(2011). 悲嘆カウンセリング 誠信書房）

第7章

American Psychological Association (APA) (2011). The Road to Resilience. https://www.apa.org/helpcenter/road-resilience.aspx（2019年11月5日閲覧）
Davise, C. G., Nolen-Hoeksema, S., & Larson, J. (1998). Making sense of loss and benefiting from the experience: Two construals of meaning. *Journal of Personality and Social Psychology*, **75**, 561-574.
Deeken, A. (1983). 悲嘆のプロセスを通じての人格成長 看護展望，**8**(10), 17-21.
Freud, S.（著）井村恒郎・小此木啓吾・ほか（訳）（1970）． フロイト著作集6 自我論・不安本能論 人文書院
濱野佐代子（2007）． コンパニオンアニマルが人に与える影響―愛着と喪失を中心に― 百合女子大学大学院博士論文
濱野佐代子（2008）． 幼児の動物の死の概念と，ペットロス経験後の生命観の変化に関する研究―幼児の死の概念とペットロス経験の関連― 発達研究，**22**, 23-36.
濱野佐代子（2009）． コンパニオンアニマルと子育て支援 繁多 進（編著） 子育て支援に活きる心理学（pp. 173-182） 新曜社
東村奈緒美・坂口幸弘・柏木哲夫・恒藤 暁（2001）． 死別経験による遺族の人間的成長 死の臨床，**24**(1), 69-74.
平野真理（2015）． レジリエンスは身につけられるか―個人差に応じた心のサポートのために―

東京大学出版会
Kane, B. (1979). Children's concepts of death. *Journal of Genetic Psychology*, **134**, 141-153.
Kübler-Ross, E. (1997). *The wheel of life*. London: Bantam Press. (上野圭一（訳）(1998). 人生は廻る輪のように 角川書店)
Lagoni, L., Butler, C., & Hetts, S. (1994). *The human-animal bond and grief*. Philadelphia: W. B. Saunders. (鷲巣月美（監訳）山崎恵子（訳）(2000). ペットロスと獣医療 チクサン出版社)
Nagy, M. (1948). The Child's theories concerning death. *Journal of Genetic Psychology* ,**73**, 3-27.
仲村照子（1994). 子どもの死の概念 発達心理学研究 , **5**(1), 61-71.
Neimeyer, R. A. (Ed.). (2001). *Meaning reconstruction and the experience of loss*. Washington: American Psychological Association. (富田拓郎・菊池安希子（監訳）(2007). 喪失と悲嘆の心理療法―構成主義からみた意味の探究― 金剛出版)
Park, C. L., Cohen, L. H., & Murch, R. L. (1996). Assessment and Prediction of Stress-Related Growth. *Journal of Personality*, **64**(1), 71-105.
坂口幸弘（2002). 死別後の心理的プロセスにおける意味の役割―有益性発見に関する検討― 心理学研究, **73**(3), 275-580.
Schneider, J. (1984). *Stress, loss, and grief: Understanding their origins and growth potential*. Baltimore, MD: University Park Press.
瀬藤乃理子（2010). 喪失と悲嘆研究の現状―歴史的流れから最近の話題まで― ヒトと動物の関係学会誌, **27**, 35-39.
瀬藤乃理子（2016). 死別 川島大輔・近藤恵（編）はじめての死生心理学（pp. 47-64） 新曜社
Speece, M. W., & Brent, S. B. (1984). Children's under-standing of death: A review of three components of a death concept. *Child Development*, **55**, 1671-1686.
尾上明子・菊池伸二（1997). 「子どもと死」の問題 名古屋柳城短期大学研究紀要, **19**, 53-75.
小此木啓吾（1979). 対象喪失 中央公論新社
竹中和子・藤田アヤ・尾前優子（2004). 幼児の死の概念 呉大学看護学統合研究, **5**(2), 24-30.
Tedeschi, R. G., & Calhoun, L. G. (1996). The posttraumatic growth inventory: Measuring the positive legacy of trauma. *Journal of Traumatic Stress*, **9**(3), 455-471.
得丸定子・吹山八重子（2005). 悲嘆を伴う死別に関する意識調査―小・中・高等学校の児童・生徒を対象として― 日本家庭教育学会誌 , **47**(4), 358-367.
Wordn, J. W. (2008). *Grief counseling and grief therapy: A handbook for the mental health practitioner* (4th ed.). Springer Publishing Company.
横山章光（1996). アニマル・セラピーとは何か NHK ブックス

人名索引

事項索引

編著者紹介

濱野　佐代子（はまの　さよこ）

経　歴　大阪府に生まれる

日本獣医畜産大学獣医畜産学部獣医学科卒業（現 日本獣医生命科学大学）

白百合女子大学大学院文学研究科 博士後期課程 発達心理学専攻単位取得退学　博士（心理学）。獣医師，臨床心理士，公認心理師。

現　在　帝京科学大学生命環境学部アニマルサイエンス学科 准教授

専　門　生涯発達心理学，人間動物関係学

【主 著】

『子育て支援に活きる心理学』（分担執筆）　新曜社　2009 年

『よくわかる家族心理学』（分担執筆）　ミネルヴァ書房　2010 年

『日本の動物観』（共著）　東京大学出版会　2013 年

『発達心理学事典』（分担執筆）　丸善出版　2013 年

『生命の教養学 13　飼う』（分担執筆）　慶應義塾大学出版会　2018 年

執筆者一覧

濱野　佐代子	（編著者）	全章
柴内　裕子	（公益社団法人日本動物病院協会）	コラム①
吉川　明	（公益財団法人日本盲導犬協会）	コラム②
木下美也子	（Green Chimneys）	コラム③
Rebecca A. Johnson	（University of Missouri, U.S.A.）	コラム④
尾形　庭子	（Purdue University）	コラム⑤
越村　義雄	（一般社団法人 人とペットの幸せ創造協会）	コラム⑥

人とペットの心理学
——コンパニオンアニマルとの出会いから別れ——

2020年2月10日　初版第1刷印刷
2020年2月20日　初版第1刷発行

定価はカバーに表示してあります。

編著者　濱野佐代子
発行所　㈱北大路書房
〒603-8303　京都市北区紫野十二坊町128
電話（075）431-0361㈹
FAX（075）431-9393
振替　01050-4-2083

印刷・製本／亜細亜印刷㈱
検印省略　落丁・乱丁本はお取り替えします。
ISBN978-4-7628-3096-9　Printed in Japan